# 小学生Python创意编程

视频教学版

class Person(Animal):
def talk(self):
for num in range(10):
if num == 5:
break
print ("num = %d" % num)
OHAI!

刘凤飞 著

清华大学出版社
北京

## 内 容 简 介

本书语言风趣幽默，讲解细致入微，案例生动有趣，能够让小朋友轻松愉悦地学习Python编程。

本书共分14章，以图解的形式介绍变量、条件判断、循环、列表、函数、类与对象、模块、文件、注释、异常与调试等基础知识，简单明了，易于理解；穿插许多小朋友感兴趣的项目案例，如输出爱心、绘制五角星、诗词接龙、探索运算、侦测破案、商品管理系统、设计软件、Excel设计九九乘法表等，在突出趣味性的同时让小朋友巩固所学的知识。

本书适合想学习Python编程的中小学生、教Python编程的老师以及想陪小朋友一起学习Python编程的家长阅读。



**图书在版编目（CIP）数据**

小学生Python创意编程：视频教学版 / 刘凤飞著. —北京：清华大学出版社，2024.1（2025.4重印）
ISBN 978-7-302-64923-6

Ⅰ. ①小… Ⅱ. ①刘… Ⅲ. ①软件工具－程序设计－少儿读物 Ⅳ. ①TP311.561-49

中国国家版本馆CIP数据核字（2023）第224530号

**责任编辑：** 赵　军
**封面设计：** 王　翔
**责任校对：** 闫秀华
**责任印制：** 刘　菲
**出版发行：** 清华大学出版社

　**网　　址：** https://www.tup.com.cn，https://www.wqxuetang.com
　**地　　址：** 北京清华大学学研大厦A座　　**邮　　编：** 100084
　**社 总 机：** 010-83470000　　**邮　　购：** 010-62786544
　**投稿与读者服务：** 010-62776969，c-service@tup.tsinghua.edu.cn
　**质量反馈：** 010-62772015，zhiliang@tup.tsinghua.edu.cn

**印 装 者：** 天津鑫丰华印务有限公司
**经　　销：** 全国新华书店
**开　　本：** 185mm×235mm　　**印　　张：** 16.5　　**字　　数：** 396千字
**版　　次：** 2024年1月第1版　　**印　　次：** 2025年4月第8次印刷
**定　　价：** 89.00元

---

**产品编号：** 102753-01

少儿编程不仅仅是学习一门技术，更重要的是开拓思维方式，引领孩子打开人工智能世界的大门。果果老师的书籍不仅符合少儿编程的初衷，更为孩子们提供了一种循序渐进的学习方式。

果果老师对于少儿编程的理解和研究让我深感钦佩。他致力于让更多的孩子通过编程触达科技，用独特的方式启发孩子们的学习兴趣。果果老师此次编写的3本书都精心设计，以兴趣、知识和思维为核心，促进孩子们在编程学习中培养自主思考的能力和创造力。

这3本书各具特色。《小学生Scratch创意编程：视频教学版》聚焦思维启蒙，着重于项目拆解和分析，培养孩子的编程思维。《小学生Python创意编程：视频教学版》着眼于实际应用，从代码编写到应用场景，循序渐进地引导学生。而《小学生C++创意编程：视频教学版》侧重于算法思维，通过解答问题和编程角度的思考，培养孩子的抽象算法能力。

这3本书都采用了教材式的编写方式，以项目制的教学模式为孩子们提供了丰富的实战练习。在项目结束后，还提供了大量的练习题，鼓励学生创新实践，让他们在编程学习中有更多的创新思考和实践的空间。

果果老师的编程书籍不仅传授知识，更是启发孩子们探索世界和未知领域的钥匙。这些书籍将为学习者带来全新的编程体验，让孩子们在这个人工智能改变世界的时代转型中立于不败之地。

王江有

全国工商联教育商会人工智能教育专委会主任

民进中央教育委员会委员

小码王教育集团创始人CEO

# 读书笔记

Reading notes

# 前 言

Preface

感谢您的翻阅，让我又收获了一份小确幸，感谢每一位大读者和小读者，感谢你们与我一路相伴成长。

虽然Python功能强大，在科学计算、人工智能、数据分析方面天赋异禀，但这都不是我选择它作为少儿编程语言之一的原因。选择它的关键原因是Python的设计哲学“优雅”“明确”“简单”，它的语言形式与自然语言特别接近，具备很好的阅读性，所以理解起来不会晦涩难懂，适合小朋友和初学代码类编程的伙伴，是孩子从图形化编程语言过渡到代码类编程语言的不错选择。

图形化编程语言过后，孩子需要更强大的编程语言来承载梦想，实现内在成就感，Python当仁不让。千万别把Python作为Scratch与C++之间的过渡语言，3门语言彼此在逻辑上并不存在进阶与过渡一说，只是它们的风格适应不同阶段、不同需求的孩子。Python可以一直学习下去，小学、初中、高中对于编程教育和信息学的推进几乎都选择了Python。

本书以小朋友的**思考方式和学习角度**进行设计，按照引导探索的讲解方式，围绕简单易懂的编写手法，全力囊括一个Python程序员应该学习和掌握的基本知识，包括**变量、条件判断、循环、列表、函数、类与对象、模块、文件读写、注释、异常与调试、办公自动化**等内容。

案例贴近学生日常生活与基础学习，涉及绘画、诗句、数学、逻辑等，使得他们对学习更有熟悉感，更具亲近感，学习热情与动力更强。

希望读者阅读书籍就能收到视频学习的效果，作者花了大量精力将代码颜色模拟成实际编辑器颜色，让读者从视觉增强记忆，让看书就像看视频一样，分模块、分段落突出学习重点，提升学习节奏感，让书籍也能体现授课一般的活力。

代码都标有注释，可让学生通读全书不受阻，更加便于理解和学习。以拟人对话的形式贯穿全书，使学习变得更加轻松和愉悦。

关于编程学习，兴趣、思维和知识这三方面尤为重要。

**兴趣：都说兴趣是最好的老师，通过趣味和内在成就感激发学习兴趣，建立自驱学习动力。**

**思维：思维培养是我一直坚持坚定坚守的，编程学习的核心是思维培养，思维是学习编程的灵魂。**

**知识：借助知识来提升思考的质量，开拓眼界，将思维过程和想法通过程序编写表达出来。**

**少儿编程绝不是成人编程的缩减版，就像儿童用药绝不是成人药剂的小分量那么简单。**我认为少儿编程重点不在于学习编程软件和编程语言，而在于**思维力的训练，思考力的提升，自学力的形成**。让孩子在愉悦的学习环境中，尽情表达内心的想法，通过项目制的学习方法和放空教学法，掌握分析问题、拆解问题、解决问题的能力。

读者可以通过手机扫描二维码获取本书配套资料包，扫描后选择发送到邮箱，然后在计算机上登录邮箱下载对应文件。如果有疑问，请查阅下载文件中的必读Word文档，文档中的第二步是获取编程软件和课后习题答案。视频课程在每课标题旁边，可直接扫码观看。建议优先看书学习，这对思考帮助更大，在实操不清楚的地方再观看视频。

如果下载有问题，请发送电子邮件至booksaga@126.com，邮件主题为“小学生Python创意编程：视频教学版”。

作者于杭州

2023年12月

Contents

# 目录

# 第1章

# 我的新朋友，它叫 Python

我是Python，我被广泛运用在科学计算、人工智能、云计算、数据分析、自动化、爬虫、网站建设、游戏开发等领域。期待我可以帮你解决问题，更期待你可以运用我创建伟大的程序。

## 1.1 准备课：计算机里的新朋友

对于初学者来说，安装软件可能比编写代码还要具有挑战性。别担心，我和你一起克服安装软件的难题。

我不怕挑战。

安装Python后，你会得到一个解释器、一个命令行交互环境以及一个简单的集成开发环境。

软件安装好，你就可以指挥计算机了。

安装Python软件只需要3步，一起来吧！

1 下载Python安装包。
2 安装Python。
3 测试是否安装成功。

一步一步开始吧，每一大步中还包含很多小步。

### 下载 Python 安装包

登录Python的官方网站下载新版本的软件，将鼠标移动到Downloads，选择适用于你的操作系统的Python软件进行下载。

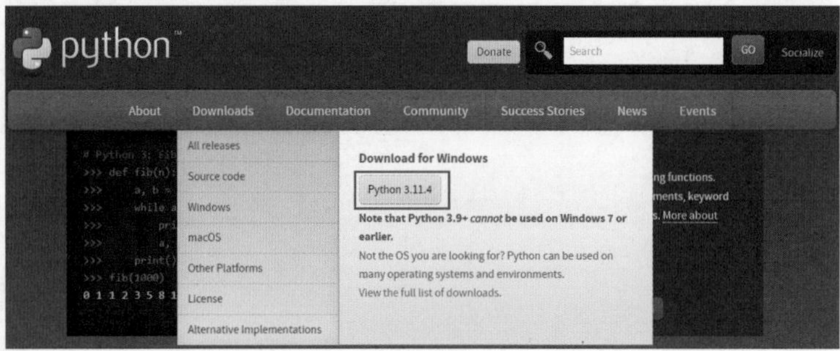


### Python 软件安装

在不同操作系统中，Python软件的安装方式也各不相同，这里将分别介绍在Windows系统和Mac系统中安装Python软件的方法。

#### Windows 系统

1 双击打开下载的Windows Python安装包。

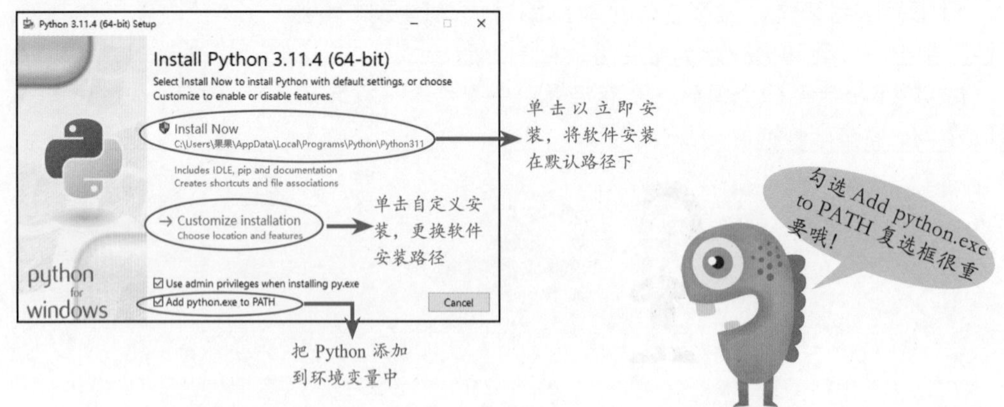

2 需要注意的是，一定要勾选Add python.exe to PATH复选框，把Python添加到环境变量中。之后在Windows命令提示符下面也可以运行Python了，不然的话，就要自己配置环境变量，会比较麻烦。

3 我想将软件安装到D盘，所以我单击Customize installation Choose location and features，这样就可以自由选择安装的磁盘了。

4 按照图示操作完成后，单击Next按钮，进入下一步。

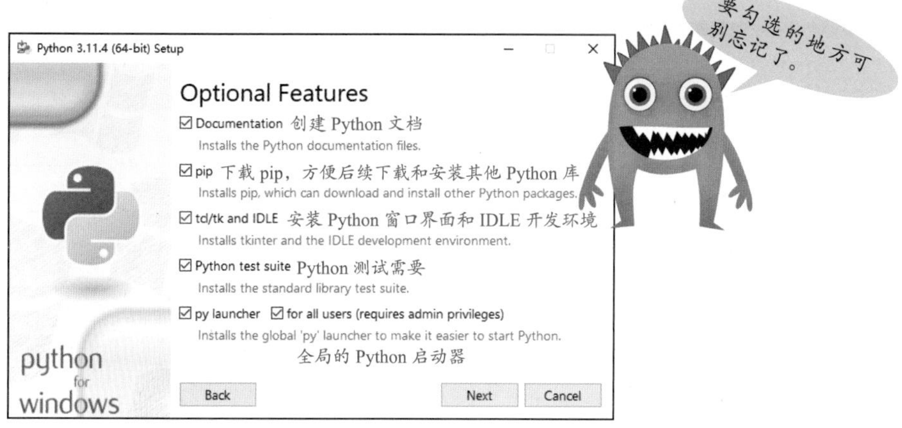


5 单击Install按钮进行安装。

6 等待一会儿，马上就好。

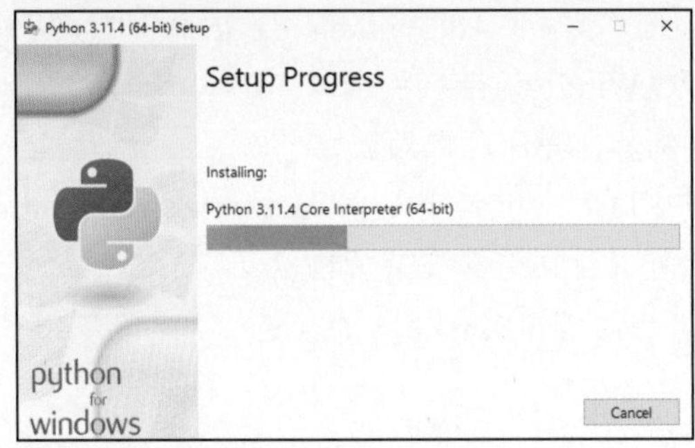


7 显示Setup was successful意味着安装成功啦！

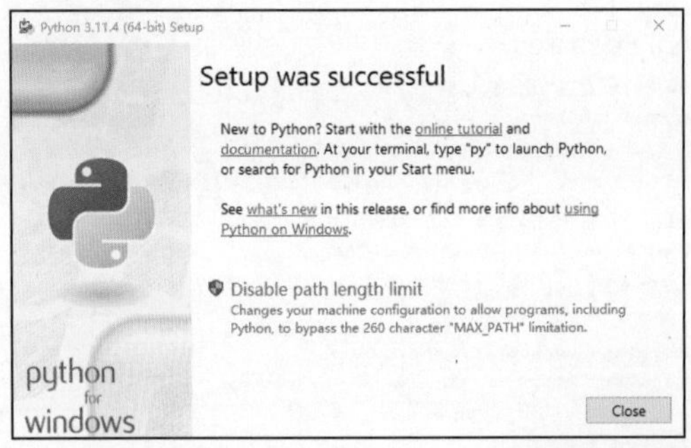


接下来开始编程之旅的第二个挑战：和Python Say Hello。

8 单击计算机屏幕左下角的**开始**图标。

9 刚刚安装好的Python就在这里，可以将IDLE直接拖到桌面生成快捷键，方便打开软件。

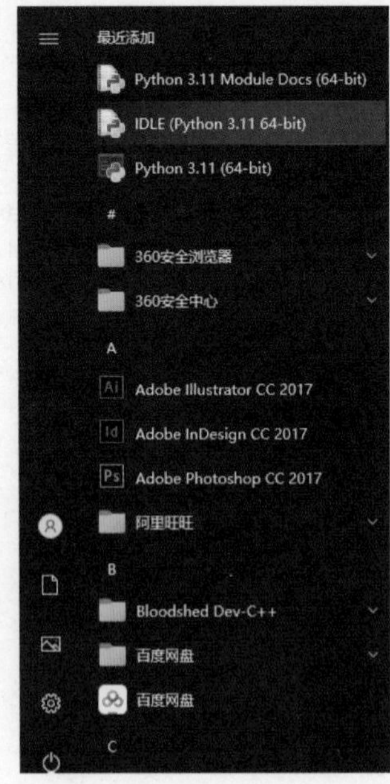

### 运行软件测试是否安装成功

1. 单击IDLE打开软件。
2. 在界面上输入print("Hello Python!")，按Enter键，可以看到下方出现了“Hello Python!”。

代码

```
print("Hello Python!")
Hello Python!
```

注意

""（双引号）需要使用英文输入法。

```
Python 3.11.4 (tags/v3.11.4:d2340ef, Jun  7 2023, 05:45:37) [MSC v.1934 64 bit (AMD64)] on win32
Type "help", "copyright", "credits" or "license()" for more information.
>>> print("Hello Python!")
Hello Python!
>>>
```

第一个Python程序就成功了。

### Mac 系统

在Mac系统中安装比较简单，打开安装包，然后单击**继续**按钮，直到安装完成即可。

1. 单击**继续**按钮。

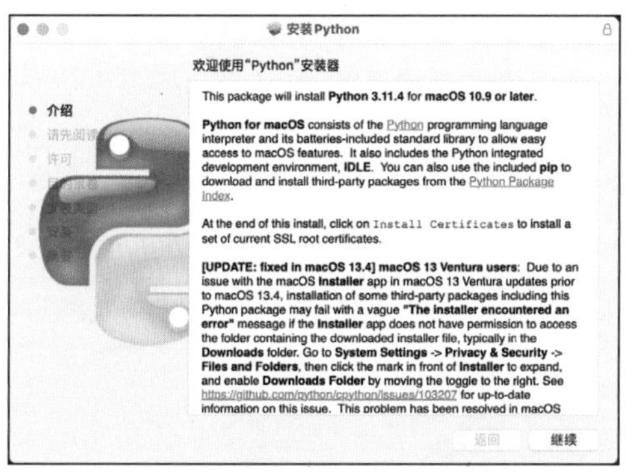

2 再次单击**继续**按钮。

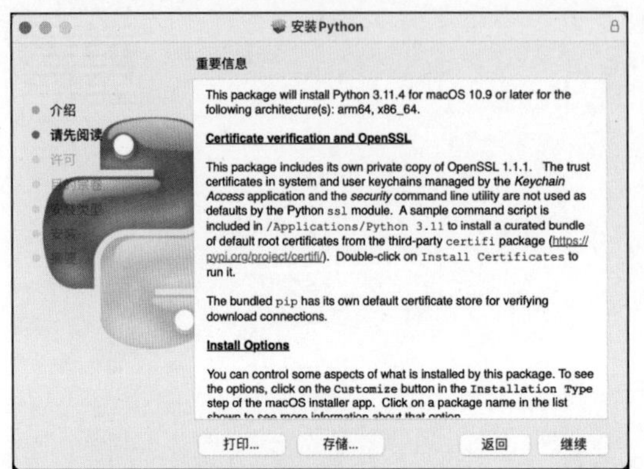


3 再次单击**继续**按钮。

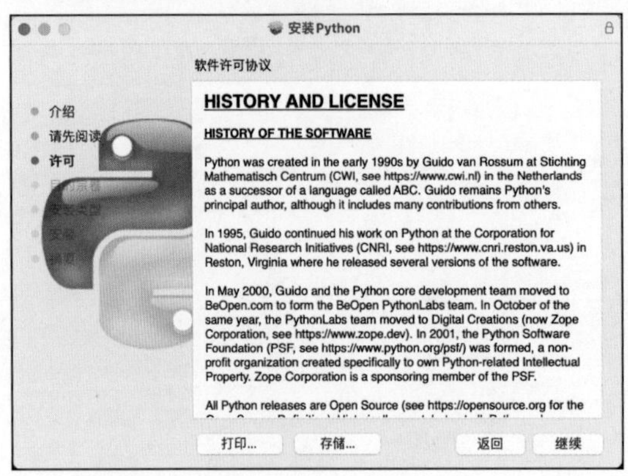


4 单击**同意**按钮。

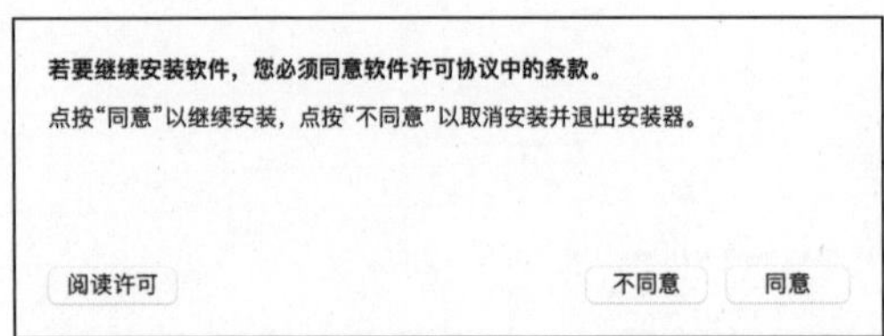


5 单击**安装**按钮。

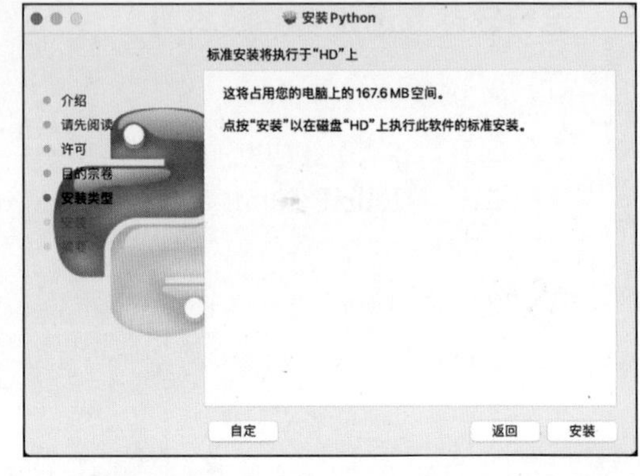


6 等待一会儿。

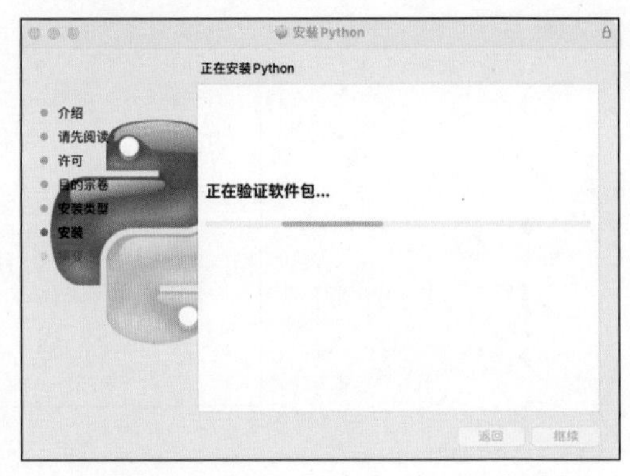


7 这就安装成功了。

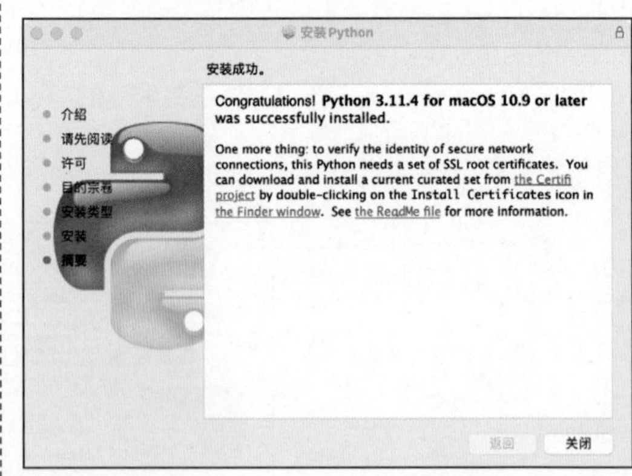

8 安装完成后，就可以在程序中找到IDLE图标。

9 像Windows系统一样，和Python说句“Hello Python！”吧。

IDLE

单击IDLE图标，在界面上输入“print("Hello Python!")”，按Enter键运行程序。

```
print("Hello Python!")
Hello Python!
```

## 1.2 第 1 课：我是 Python，我强大

我是Python，我的设计哲学是**优雅**、**明确**、**简单**，与自然语言很是接近，具有很好的可阅读性。

而且我功能强大，特别是在科学计算、人工智能领域更是天赋异禀。

我先秀一把计算能力。

你知道98898932143+343534254*43124321等于多少吗？

我来告诉你答案：

```
98898932143+343534254*43124321
14814780342923677
```

## 1.3 第2课：朋友间的问候

准备上课了。我们了解了Python，也完成了软件的安装。现在进入Python运用阶段，先彼此问个好。

1 单击IDLE图标。

2 打开窗口。

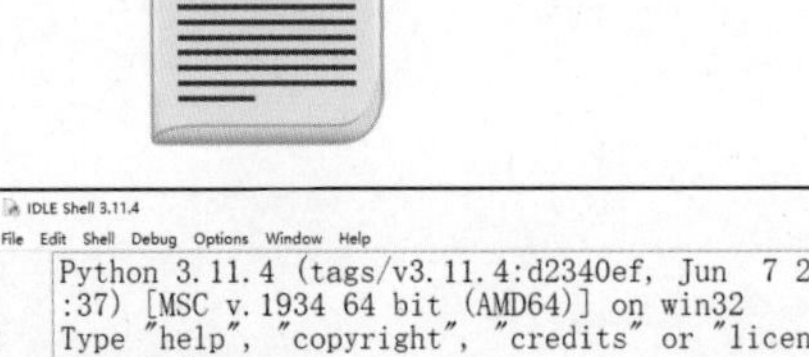

```
Python 3.11.4 (tags/v3.11.4:d2340ef, Jun  7 2023, 05:45:37) [MSC v.1934 64 bit (AMD64)] on win32
Type "help", "copyright", "credits" or "license()" for more information.
>>> 
```

可以看到IDLE Shell界面，我们通过IDLE Shell界面输入指令与计算机交互。>>>是Python提示符，提示符是告诉你，Python准备好了，你可以下发指令了。

现在试着发一个指令给Python，看它能不能正确执行，我们让Python计算1+1。

在>>>后面输入**1+1**，按Enter键，Python就返回了1+1的答案。

```
Python 3.11.4 (tags/v3.11.4:d2340ef, Jun  7 2023, 05:45:37) [MSC v.1934 64 bit (AMD64)] on win32
Type "help", "copyright", "credits" or "license()" for more information.
>>> 1+1
2
>>> 
```

在**>>>**的后面输入指令**print("Hello")**，按Enter键，Python就和大家说Hello了。

```
Python 3.11.4 (tags/v3.11.4:d2340ef, Jun  7 2023, 05:45:37) [MSC v.1934 64 bit (AMD64)] on win32
Type "help", "copyright", "credits" or "license()" for more information.
>>> print("Hello")
Hello
>>> 
```

修改" "（双引号）里面的内容，再试试看。

## 1.4 第 3 课：我要立个 Flag

在前面的例子中，我们都是给Python输入简单的指令，而且不能保存输入的指令。每次都要重新输入指令会很麻烦。以后我们可是要写几千行代码的，如果都要重新输入，那么会累趴下的。要是我们编写的代码能够保存下来，那该多好呀。

Python真的很聪明，它提供了让我们保存程序的方法。通过以下步骤，我们可以创建新的Python文件并保存该程序。

1 依次单击IDLE菜单栏的File（文件）→New File（新建文件），创建一个新的Python文件。

这样一个全新的Python文件就创建好了。

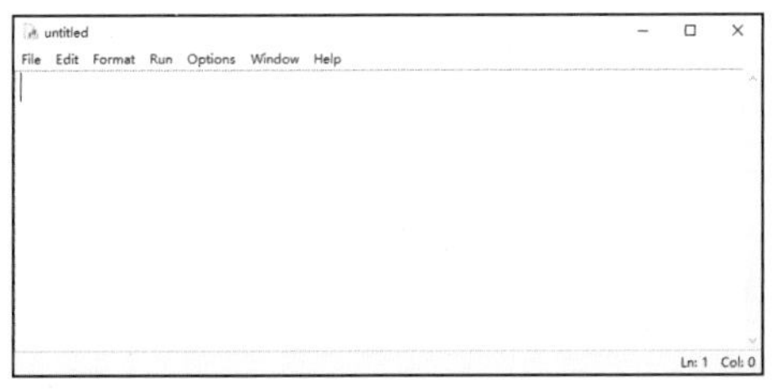


2 在这个文件中写下Flag代码：print( " 从今天开始我要学Python了！ " )。

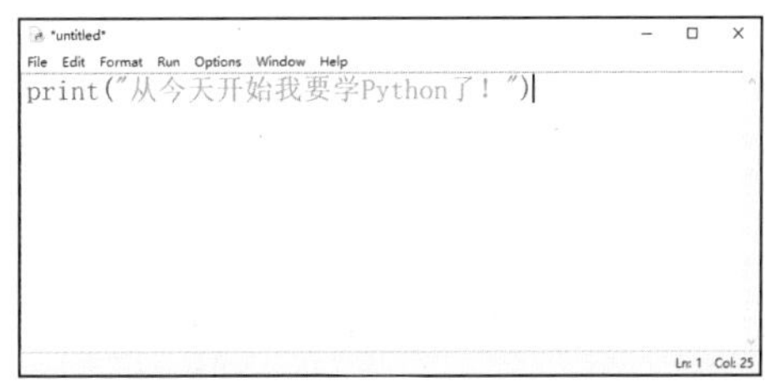


3 依次单击File（文件）→Save As（另存为）或者File（文件）→Save（保存）菜单来保存文件，并把该文件命名为first.py。你可以把该文件保存在自己喜欢的位置，确保下次可以找到它。

拓展小知识

.py后缀表示这是一个Python程序文件，让计算机能认出它。

**4** 运行程序，在菜单栏中依次选择Run→Run Module（运行模块）。

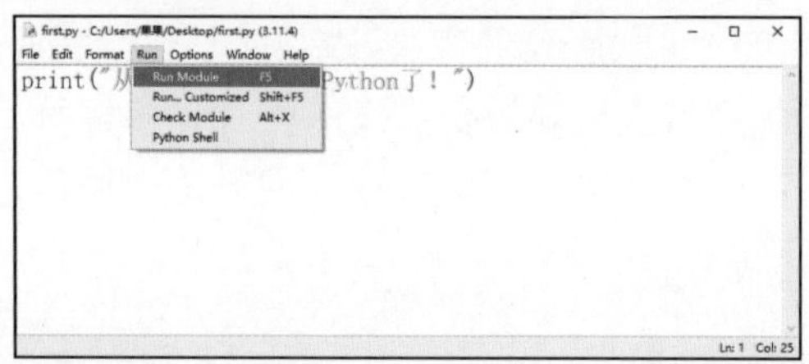

**5** 查看Python返回的结果。

```
Python 3.11.4 (tags/v3.11.4:d2340ef, Jun  7 2023, 05:45:37)
[MSC v.1934 64 bit (AMD64)] on win32
Type "help", "copyright", "credits" or "license()" for more
information.
>>>
= RESTART: C:/Users/果果/Desktop/first.py
从今天开始我要学Python了！
>>>
```

**6** 这样我们就完成了第一个Python程序。是不是很高级的样子？

## 1.5 第 4 课：我的符号图案

虽然只掌握了一个print()方法，但已经可以实现输出了。只要我们动一动脑筋，就能输出各种图案。

比如爱心：

代码
```
print("    ***       ***  ")
print("  *     *   *     *")
print(" *        *        *")
print("*                   *")
print("  *               *")
print("    *           *")
print("      *       *")
print("        *   *")
print("          *")
```

```
    ***       ***
  *     *   *     *
 *        *        *
*                    *
  *                *
    *            *
      *        *
        *   *
          *
```

比如飞机：

代码

```
print("       # ")
print("#       ## ")
print(" ##       #### ")
print("  ################ ")
print("          #### ")
print("         ## ")
print("        # ")
```

```
       #
#       ##
 ##       ####
  ################
          ####
         ##
        #
```

小挑战：尝试使用符号绘制一个有趣生动的图案吧！

## 1.6 记住好朋友 Python

（1）安装Python。

（2）认识Python。

（3）给Python下指令。

（4）创作第一个Python程序。

（5）输出符号组成的图案。

# 第2章

# 召唤画图的小海龟

你认识的小海龟长什么样子？你觉得小海龟可以做什么呢？

是不是除了慢悠悠地爬行，什么都不会呢？我们要认识的可不是一般的小海龟，而是Python里面会画图的小海龟。

同时，在Python的世界里会出现很多奇怪的小精灵，它们将会陪伴我们学习Python。

## 2.1 第5课：画图的小海龟

在Python中，有一只会作图的小海龟，让我们一起来认识这只小海龟吧。在Python中，小海龟有个洋气的英文名字，叫作**turtle**。

小海龟有一整套的功能，我们把它叫作**turtle库**，这是Python的内部库。

内部库在你安装Python软件后就有啦！第三方库的话，还需要你从外部导入呢。

**turtle**库是用来绘制图像的，小海龟可以绘制很多好看的图像，例如笑脸、小动物、美丽的圣诞树。小海龟很厉害吧。你学会之后，也可以变得那么厉害。当你想要运用Python画图的时候，导入turtle库，就可以召唤小海龟了。

哇，别召唤神龙了，我召唤小海龟。

一起来召唤神奇的小海龟吧。

1. 找到计算机上的**IDLE**图标。
   单击之，进入**IDLE Shell**窗口。

2. 新建一个Python文件，单击**File**菜单，再单击菜单中的**New File**选项，进入新的程序编辑界面。

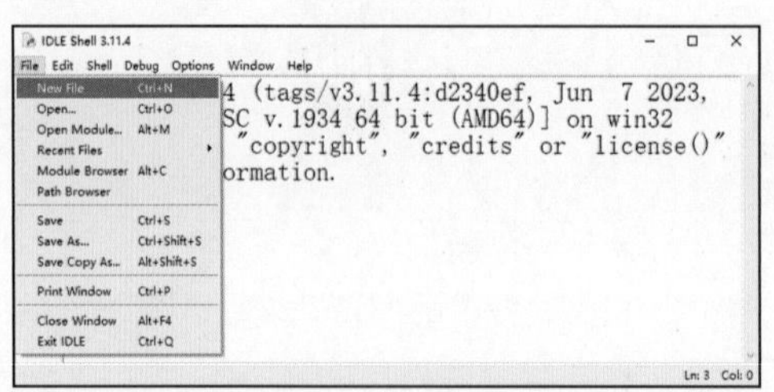

3 输入代码：

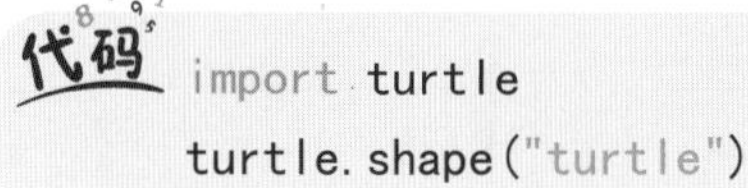

```
import turtle                    #导入turtle库
turtle.shape("turtle")           #设置画笔的形状为小海龟
```

4 单击File菜单，再单击菜单中的Sava As选项。

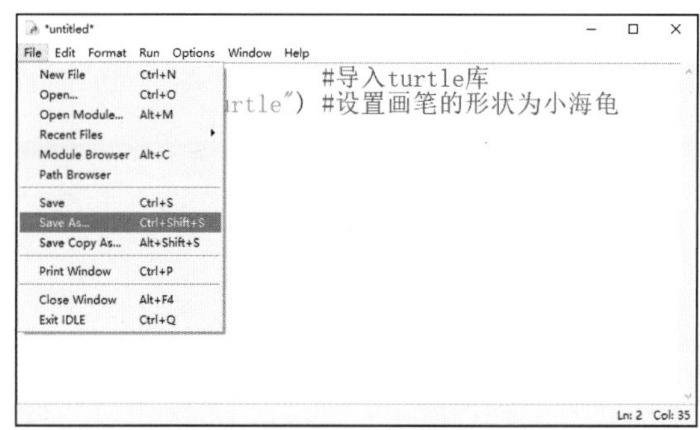

找到你想存放的位置，输入你想保存的名字，例如**设置画笔形状.py**，单击保存按钮，就可以将文件保存为设置画笔形状.py了。

5 保存后，再双击这个Python程序文件即可打开它，随后可以再次编辑它。

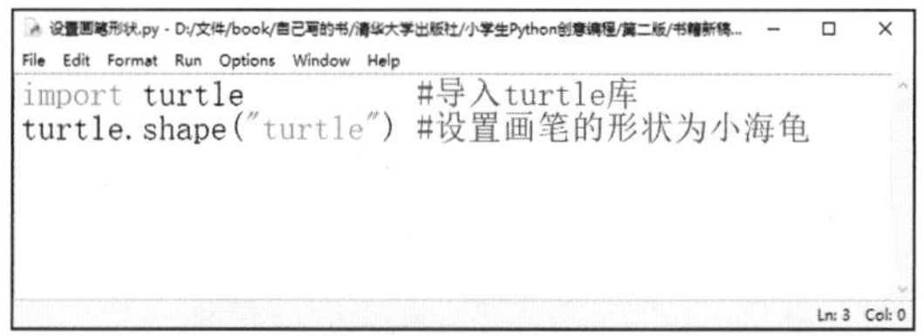

6 依次单击Run→Run Module选项，运行程序。

如果你的程序报错了，但检查代码却没有发现问题，那很可能是因为你的文件名是turtle.py，与库的名字冲突。这时只需修改文件名就可以了。

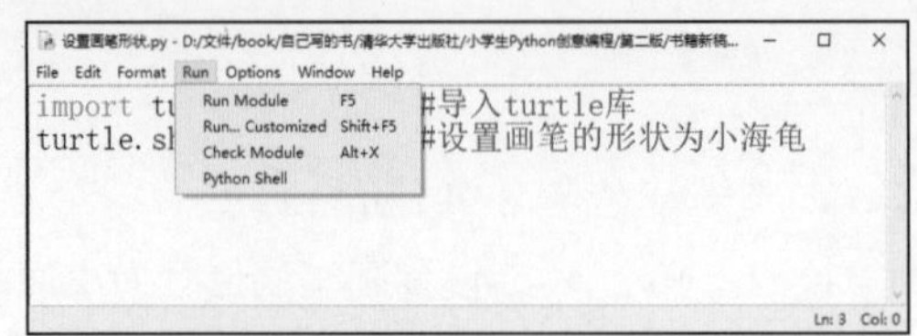


**7** 小海龟就被我们成功地召唤出来了。

我们一起来探索一下这只小海龟到底是怎么被召唤出来的吧。

程序是如何运行的？我们来一行一行地分析一下代码，探索这段奇妙的程序。

第一句**import turtle**，导入turtle模块。

我们可以使用turtle模块提供的方法，按照它的描述实现我们想要的功能。我们也可以提供模块，分享给别人使用或者自己复用。

第二句turtle.shape("turtle")，这是调用turtle模块的shape(name=None)方法，括号里的内容是用来改变海龟展示形式的，也就是说，还可以召唤其他的小伙伴。

括号里的内容决定了小海龟的样子。括号里也可以没有内容。

就像turtle.shape()，这样画图的小海龟会有一个默认的样子，不过它不能再叫作小海龟了。

在turtle.shape()括号里可以填入很多英文单词，不断改变小海龟的样子。

但是，我们填入的值必须是TurtleScreen的形状库中的，不是随便填的，比如pig就不行。

试一试turtle.shape("pig")吧，结果返回了一串红色的错误代码，没有猪的形状。

turtle.TurtleGraphicsError: There is no shape named pig

形状库有一些形状可以供我们使用：arrow、turtle、circle、square、triangle、classic。我们分别使用这些形状来改变小海龟的外形吧。

- arrow：将小海龟的形状改变为箭头，修改代码如下：

```
import turtle                #导入turtle库
turtle.shape("arrow")        #设置画笔的形状为箭头
```

保存文件并单击Run→Run Module，运行程序，小海龟的形状变成了一个箭头。

● circle：将小海龟的形状改变为圆，修改代码如下：

代码

```
import turtle                      #导入turtle库
turtle.shape("circle")             #设置画笔的形状为实心圆形
```

保存文件并依次单击Run→Run Module选项，运行程序，小海龟的形状变成了一个圆。

● square：将小海龟的形状改变为正方形，修改代码如下：

代码

```
import turtle                      #导入turtle库
turtle.shape("square")             #设置画笔的形状为实心方形
```

保存文件并单击Run→Run Module选项，运行程序，小海龟的形状变成了一个正方形。

● triangle：将小海龟的形状改变为三角形，修改代码如下：

代码

```
import turtle                      #导入turtle库
turtle.shape("triangle")           #设置画笔的形状为三角形
```

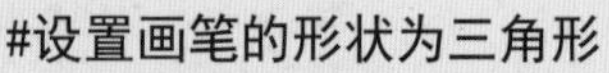

保存文件并依次单击Run→Run Module选项，运行程序，小海龟的形状变成了一个三角形。

● classic：将小海龟的形状改变为经典造型，小海龟的经典形状看上去也是一个箭头，不过和第一个箭头不太一样，修改代码如下：

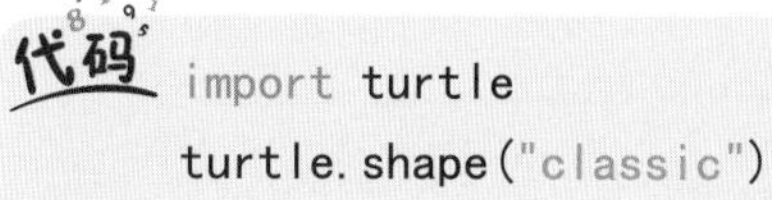


```
import turtle                    #导入turtle库
turtle.shape("classic")          #设置画笔的形状为默认箭头
```

保存文件并依次单击Run→Run Module选项，运行程序，小海龟的形状变成了一个箭头。

如果你认识arrow、turtle、circle、square、triangle、classic这些英文单词，你很快就能明白形状和代码的关系。如果不认识，就使用搜索引擎或者用英文词典查一查。除以上形状外，也可以自定义形状。当然，这是更加深入的内容，留着以后探索。

学习过程中一定要多尝试和动手变换代码。把上面的形状都变换一次吧！

## 2.2 第 6 课：小海龟的绝学

### 2.2.1 小海龟画线段

认识小海龟后，接下来看看小海龟的作图本领吧。先从简单的线段开始，看看小海龟是怎么画线段的。画线段只要小海龟往前走就好了，我们找到控制小海龟往前走的方法就可以了。

**1** 新建文件，依次单击File→New File选项，进入程序编辑界面。

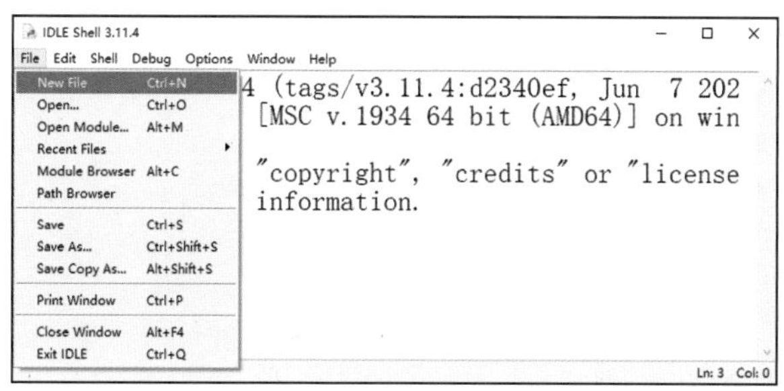

编写代码：

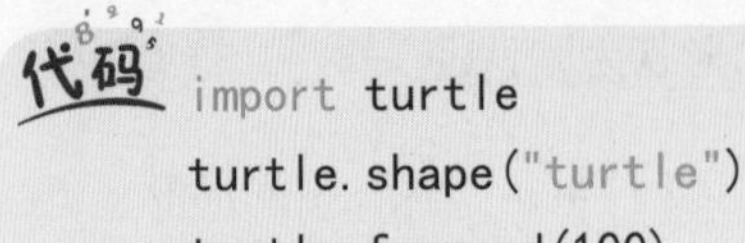

```
import turtle                    #导入turtle库
turtle.shape("turtle")           #设置画笔形状为小海龟
turtle.forward(100)              #海龟往前走一段距离
```

**2** 将文件另存为**海龟画线段.py**。

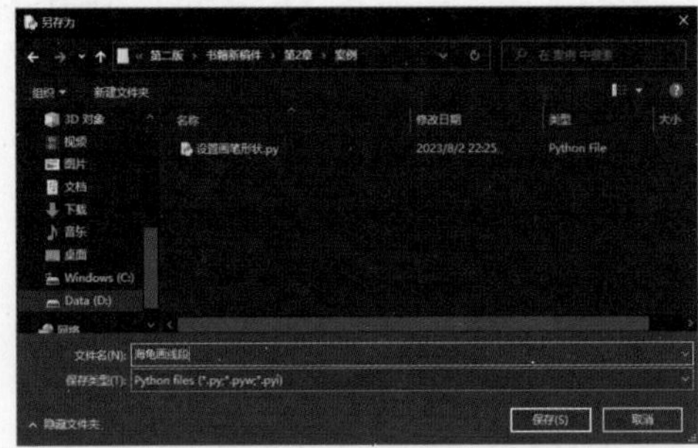


**3** 依次单击Run→Run Module选项，运行程序。

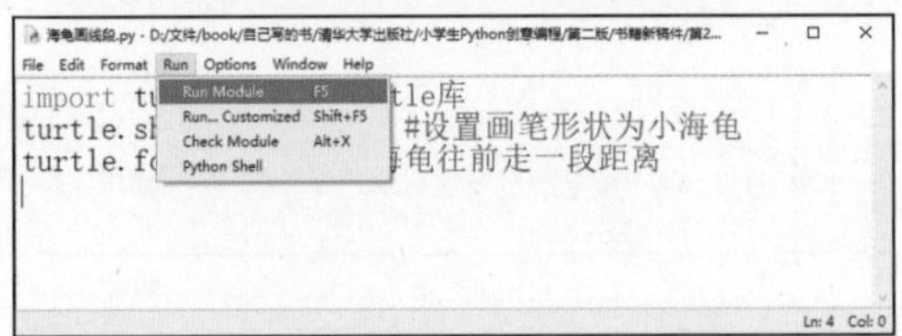


**4** 小海龟在屏幕上画出了一条线段。

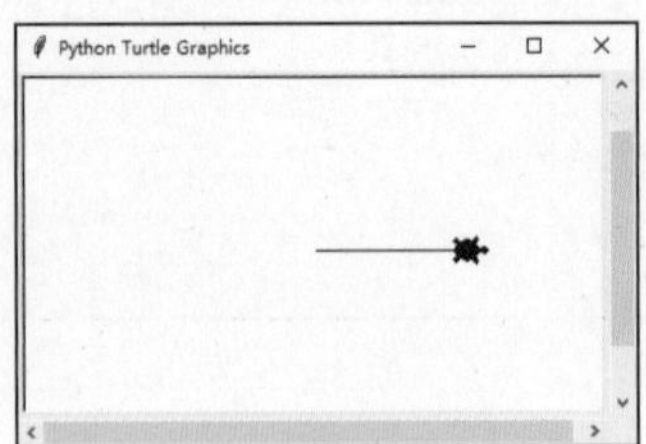

小海龟画线段使用的是turtle.forward(distance)方法，这个方法的作用是沿着小海龟朝着的方向，向前移动指定的距离distance。

turtle.forward(distance)控制小海龟向前走括号里的距离。如果是100，就走100；如果是500，就走500。

## 2.2.2 小海龟画正方形

学会了用小海龟画线段，接下来画个复杂点的图形——正方形。

在画之前，我们先分析正方形的画法。正方形是由4条相同长度的线段组成的，线段与线段之间的夹角是90度。要画成正方形，就需要每画完一条线段，小海龟都朝着同一个方向旋转90度。

画线段的方法我们已经掌握，只要学会了转弯的方法，就可以轻松地画出正方形。

转弯分为左转弯和右转弯，分别用turtle.left(angle)和turtle.right(angle)来实现。

转弯需要角度，大胆猜测一下方法中括号里填写什么呢？

- turtle.left(angle)：将小海龟朝左转angle度，如turtle.left(90)就是将小海龟朝左转90度。

我们实验一下让小海龟朝左转90度，步骤如下：

**1** 新建文件，依次单击File→New File选项，进入程序编辑界面，编写如下代码：

代码
```
import turtle                    #导入turtle库
turtle.shape("turtle")           #设置画笔的形状为小海龟
turtle.forward(50)               #海龟向前移动一段距离
turtle.left(90)                  #让海龟向左转90度
```

**2** 保存文件并依次单击Run→Run Module选项，运行程序，可以很明显地看到效果。小海龟画了一条线段，然后朝左转了90度。

- turtle.right(angle)：将小海龟朝右转angle度，如turtle.right(90)就是将小海龟朝右转90度。

我们实验一下让小海龟朝右转90度，步骤如下：

**1** 新建文件，依次单击File→New File选项，进入程序编辑界面，编写如下代码：

代码
```
import turtle                    #导入turtle库
turtle.shape("turtle")           #设置画笔的形状为小海龟
turtle.forward(50)               #海龟向前移动
turtle.right(90)                 #让海龟向右转90度
```

**2** 保存文件并依次单击Run→Run Module选项，运行程序，可以很明显地看到效果。小海龟画了一条线段，然后朝右转了90度。

学习了小海龟转向的方法，我们开始画正方形。以左上角为起点，先让小海龟往前走一段距离，然后让小海龟右转90度。

```
import turtle                          #导入turtle库
turtle.shape("turtle")                 #设置画笔的形状为小海龟
turtle.forward(120)                    #小海龟向前移动一段距离
turtle.right(90)                       #让小海龟右转90度
```

再往前走一段距离，再右转90度。

```
turtle.forward(120)                    #小海龟向前移动一段距离
turtle.right(90)                       #让小海龟右转90度
```

再往前走一段距离，再右转90度。

```
turtle.forward(120)                    #小海龟向前移动一段距离
turtle.right(90)                       #让小海龟右转90度
```

小海龟再往前走一段距离。

```
turtle.forward(120)                    #小海龟向前移动一段距离
```

正方形就画成了。

汇总如下：

1 新建文件，依次单击File→New File选项，进入程序编辑界面，编写如下代码：

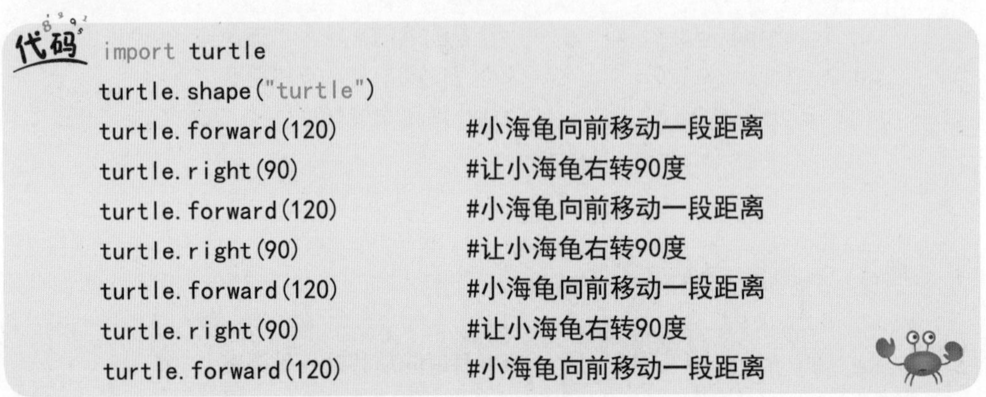

代码

```
import turtle
turtle.shape("turtle")
turtle.forward(120)          #小海龟向前移动一段距离
turtle.right(90)             #让小海龟右转90度
turtle.forward(120)          #小海龟向前移动一段距离
turtle.right(90)             #让小海龟右转90度
turtle.forward(120)          #小海龟向前移动一段距离
turtle.right(90)             #让小海龟右转90度
turtle.forward(120)          #小海龟向前移动一段距离
```

2 保存文件并依次单击Run→Run Module选项，运行程序，正方形就画成功了。

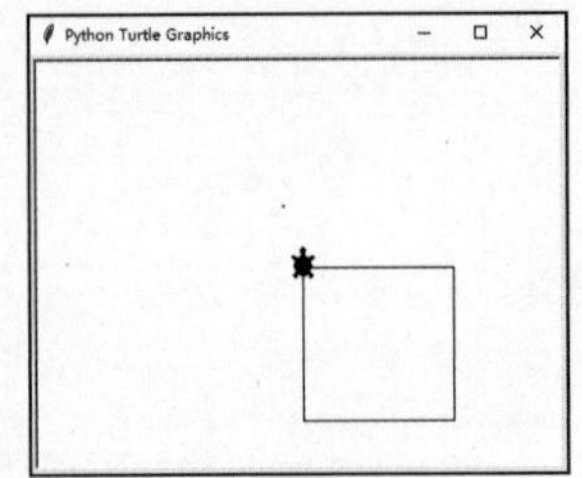


## 2.2.3 拓展长方形

我们再来尝试画一个长方形，长方形和正方形有什么不同呢？长方形4条边的长度是不一样的。我们尝试修改一下正方形的代码来画一个长方形。

长方形可不是每条边的长度都相等哟，相对的两条边是相等的，相邻的两条边是不相等的。

```
import turtle                      #导入turtle库
turtle.shape("turtle")             #设置画笔的形状为小海龟
turtle.forward(120)                #画笔画长方形的长边
turtle.right(90)                   #让小海龟向右转90度
turtle.forward(60)                 #画笔画长方形的短边
turtle.right(90)                   #让小海龟向右转90度
turtle.forward(120)                #画笔画长方形的长边
turtle.right(90)                   #让小海龟向右转90度
turtle.forward(60)                 #画笔画长方形的短边
```

保存文件并依次单击Run→Run Module选项，运行文件，长方形就画成功了。

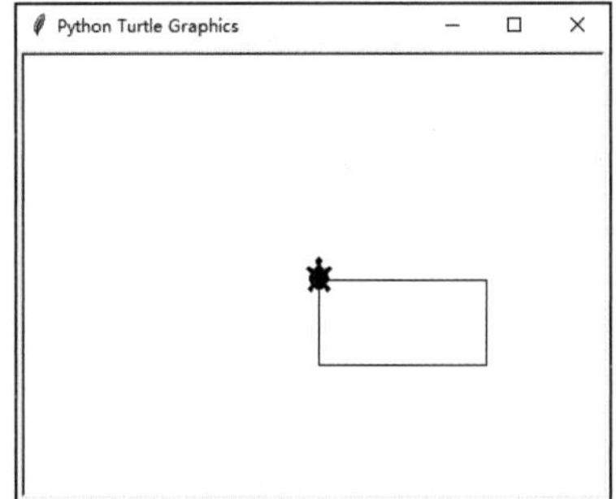

## 2.3 第 7 课：探索新天地

**探索多边形组合创新**

温故而知新，通过之前所学的知识，绘制一个等边三角形来回顾一番。

1 绘制三角形的第一条边。

turtle.forward(120)

如果你的程序报错NameError: name 'turtle' is not defined. Did you mean: 'tuple'?，大概率你忘记使用 import turtle导入turtle模块了。

2 绘制红线部分，只要能够将小海龟调整到朝着红线的方向绘制即可完成。也就是需要确定小海龟的旋转方向和角度让小海龟朝着红线方向。

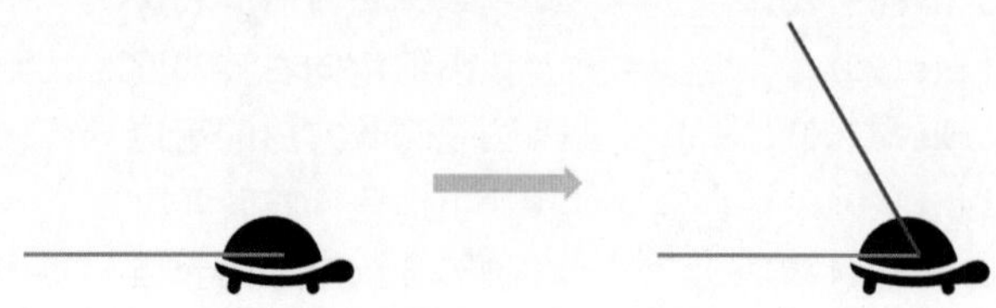

一起来思考和计算，等边三角形的内角是60度，外角=180−内角=120度。

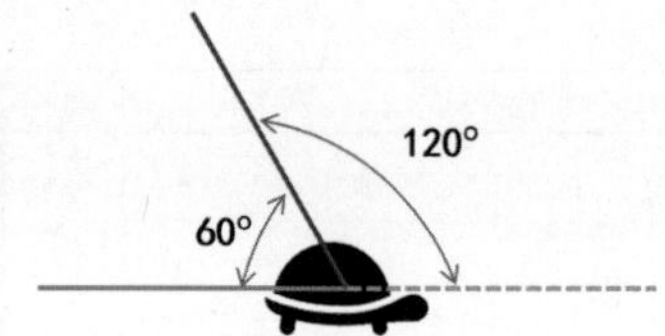


让小海龟向左旋转120度。

```
turtle.left(120)        #向左旋转120度
```

3 继续完成剩余部分。

```
import turtle
turtle.shape("turtle")
turtle.forward(120)
turtle.left(120)
turtle.forward(120)
turtle.left(120)
turtle.forward(120)
```

4 保存文件并依次单击Run→Run Module选项，运行程序。三角形绘制完毕，文件取名为**探索三角形.py**。

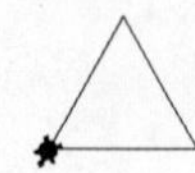

5 将所学知识抽象出来，就掌握了所有多边形的绘制方法。知道边长、旋转方向和角度，然后正几条边就绘制几次。

三角形需要小海龟绘制3条边，旋转2次，每次旋转120度。
正方形需要小海龟绘制4条边，旋转3次，每次旋转90度。
正多边形旋转的角度等于360 ÷ 边数。
正五边形的旋转角度= 360 ÷ 5 = 72度。
正六边形的旋转角度= 360 ÷ 6 = 60度。

**探索挑战开始**

**挑战1：** 绘制正五边形和正八边形。

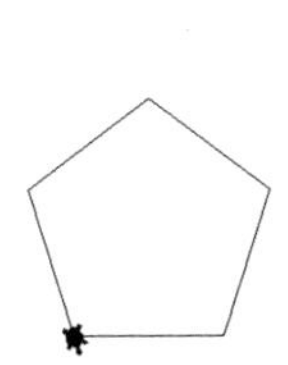

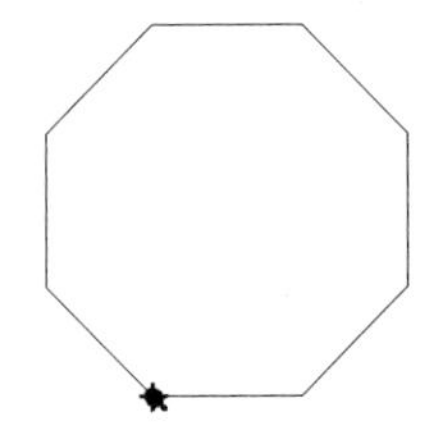

**挑战2：** 组合创新，将绘制的图形组合起来，看看谁可以构造出美丽的图案。

## 2.4 第 8 课：金灿灿的小星星

小海龟要画一个更加复杂的图形——小星星。
画之前我们来分析一下小星星的画法：

- 五角星不仅有5个角，还有5条边。
- 每画一条线段后，都需要旋转一个相同的角度，来画第二条线。

可以分为5步：

1 小海龟先往前画一条线段，旋转一个角度。
2 小海龟再往前画一条线段，旋转一个角度。
3 小海龟再往前画一条线段，旋转一个角度。
4 小海龟再往前画一条线段，旋转一个角度。
5 小海龟再往前画一条线段，就连接上了。

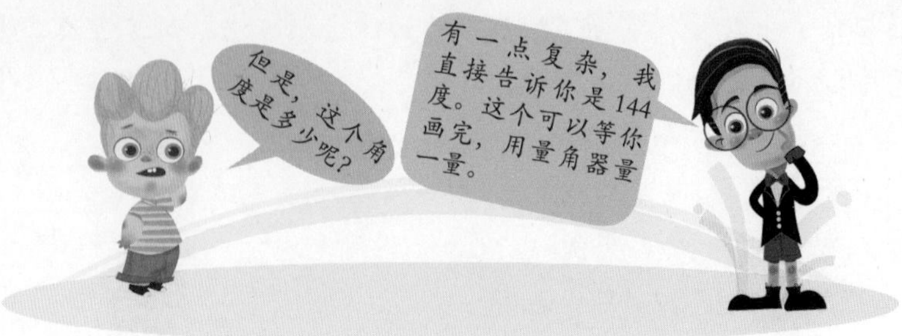


有了思路，新建文件，开始写代码：

代码

```
import turtle                    #导入turtle库
turtle.shape("turtle")           #设置画笔的形状为小海龟
turtle.forward(100)              #小海龟向前移动一段距离
turtle.left(144)                 #让小海龟向左转144度
turtle.forward(100)              #小海龟向前移动一段距离
turtle.left(144)                 #让小海龟向左转144度
turtle.forward(100)              #小海龟向前移动一段距离
turtle.left(144)                 #让小海龟向左转144度
turtle.forward(100)              #小海龟向前移动一段距离
turtle.left(144)                 #让小海龟向左转144度
turtle.forward(100)              #小海龟向前移动一段距离
```

保存文件并依次单击Run→Run Module选项，运行程序，小星星就画成功了。

## 2.4.1 添加背景色

只是画一个五角星还不太好玩，我们来给小星星的画布设置个背景颜色吧。

开始之前，我们先认识小海龟绘图的画布。画布就是turtle为我们提供绘画的区域，我们可以设置绘画区域的大小和颜色，可以通过turtle.screensize()方法设置。

turtle.screensize()方法有三个参数：长、宽和背景颜色。

screen：屏幕；size：尺寸、大小。它们组合的screensize是什么意思呢？留给你来解答。

长和宽控制着画布的大小，也就是方法前面的两个参数。

现在我们需要设置画布的背景颜色为黑色，制作一个漆黑的夜空。把第3个参数设置为black（黑色）即可，代码如下：

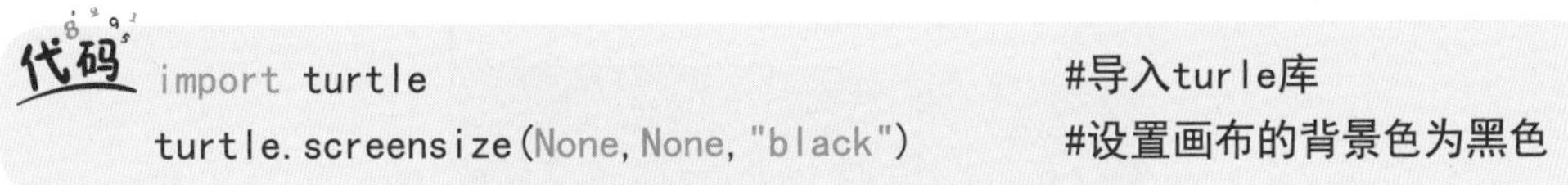

```
import turtle                                  #导入turle库
turtle.screensize(None, None, "black")         #设置画布的背景色为黑色
```

保存文件并依次单击Run→Run Module选项，运行文件，画布背景颜色成了黑色。

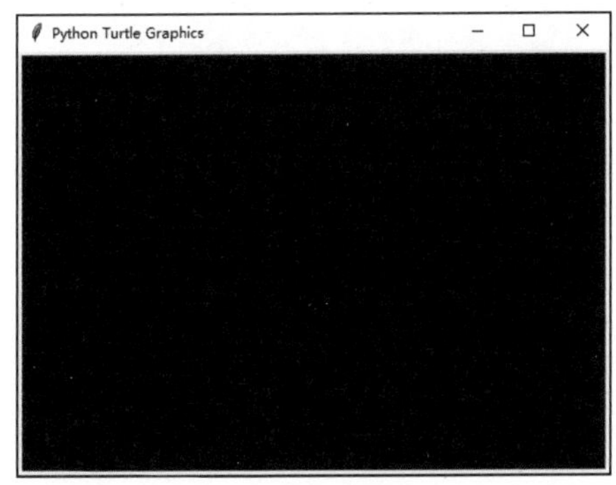


学会了设置背景颜色，我们要将小星星的背景颜色设置为蓝色。修改小星星的代码如下：

```
import turtle                                  #导入turtle库
turtle.screensize(None, None, "blue")          #设置画布的背景色为蓝色
turtle.shape("turtle")                         #设置画布的形状为小海龟
turtle.forward(100)                            #小海龟向前移动一段距离
turtle.left(144)                               #让小海龟向左转144度
turtle.forward(100)                            #小海龟向前移动一段距离
turtle.left(144)                               #让小海龟向左转144度
turtle.forward(100)                            #小海龟向前移动一段距离
turtle.left(144)                               #让小海龟向左转144度
turtle.forward(100)                            #小海龟向前移动一段距离
turtle.left(144)                               #让小海龟向左转144度
turtle.forward(100)                            #小海龟向前移动一段距离
```

保存文件并依次单击Run→Run Module选项，运行程序，画布背景颜色成了天空的颜色。

Python Turtle Graphics
想要换各种颜色吗？去翻翻英语书，看看各种颜色的单词分别是什么。试试 red 吧。


## 2.4.2 给小星星上色

背景图已经变成星空的蓝色。现在要把小星星变成闪闪发光的颜色，要怎么办呢？就是要给小星星上色，想想有什么方法可以使用呢？

方法如下：

首先，要设置填充颜色，让黑色的星空更美些。
然后，开始填充。
最后，填充完毕收工。

- **turtle.fillcolor(*args)**：设置绘制图形的填充颜色。如果我们要填充的是黄色，

就把黄色填写进去：turtle.fillcolor("yellow")。

- turtle.begin_fill()：开始填充。
- turtle.end_fill()：结束填充。

在小星星原有代码上进行修改，代码如下：

```
import turtle
turtle.screensize(None, None, "black")      #设置画布为黑色
turtle.fillcolor("yellow")                  #给星星填充黄色
turtle.shape("turtle")                      #设置为小海龟造型
turtle.begin_fill()                         #开始填充
turtle.forward(100)                         #小海龟向前移动一段距离
turtle.left(144)                            #让小海龟向左转144度
turtle.forward(100)                         #小海龟向前移动一段距离
turtle.left(144)                            #让小海龟向左转144度
turtle.forward(100)                         #小海龟向前移动一段距离
turtle.left(144)                            #让小海龟向左转144度
turtle.forward(100)                         #小海龟向前移动一段距离
turtle.left(144)                            #让小海龟向左转144度
turtle.forward(100)                         #小海龟向前移动一段距离
turtle.end_fill()                           #填充完毕
```

保存文件并依次单击Run→Run Module选项来运行程序，小星星就变成黄色了。

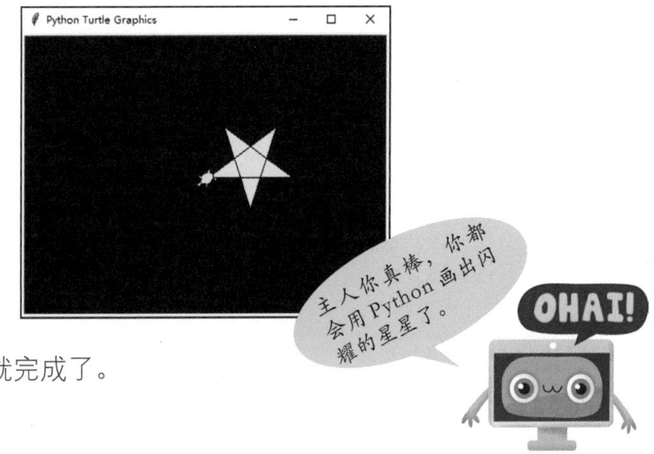

Python Turtle Graphics
主人你真棒，你都会用Python画出闪耀的星星了。
OHAI!


天空中一颗闪耀的小星星就完成了。

注意

在Mac系统下运行程序，五角星的中间没有填充黄色；在Windows系统下，五角星是被黄色填满的。

## 2.5 别忘了小海龟

今天要学习的内容很多。

- turtle.shape()：改变海龟的展示形式。
- turtle.forward(distance)：沿着小海龟朝向的方向，向前移动指定的距离。
- turtle.left(angle)：让小海龟朝左转弯多少度。
- turtle.right(angle)：让小海龟朝右转弯多少度。
- turtle.screensize(canvwidth=None, canvheight=None, bg=None)：设置画布的大小和颜色。
- turtle.fillcolor(*args)：设置填充颜色。
- turtle.begin_fill()和turtle.end_fill()：进行图形颜色填充。

## 2.6 小海龟大考验

温故而知新，留一个课后习题：

绘制两个三角形组合成菱形，并给三角形填充不同的颜色。

# 第3章

# 神奇的变量

## 3.1 第 9 课：探寻程序的输入输出

输入和输出就是运用程序和计算机对话的过程。

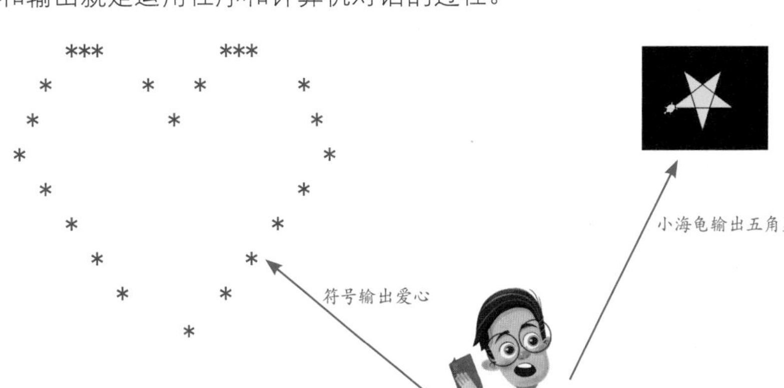

玩游戏的时候，按空格键是输入，游戏角色跳起是输出。我们编写的程序需要控制输入什么，产生什么样的输出，控制输入到输出的过程可以称为算法。

我们来看两个有输入和输出的程序。

**1. 欢迎你**

```
name = input("你叫什么名字？")          #询问名字，接收输入的名字
print(name + "，很高兴和你一起学Python！") #将输入的名字和欢迎语拼
                                           接后一起输出
```

程序运行结果：

你叫什么名字？凤飞
凤飞，很高兴和你一起学Python！

提示

按Enter键告诉程序你输入完成了。

输入名字后，计算机将名字和欢迎语进行了拼接，然后输出。

输入 → 处理 → 输出

程序如果有输入，就需要计算机内存空出一块地方来存放我们输入的值。比如**欢迎语**中输入的名字：凤飞，存放好之后，我们给它挂上name的标签，下次用的时候，直接找到name，拿出名字，就可以使用输入的值了。

**2. 诗句接龙**

```
print("天生我材必有用")
verse = input("请输入下一句：")         #接收输入的诗句
if verse == "千金散尽还复来":           #判断输入的诗句是不是“千金散尽
                                         还复来”
    print("恭喜你！回答正确。")         #如果是，就输出相应的文字
else:                                   #如果不是
    print("回答错误，正确答案是：千金散尽还复来") #输出相应的文字
```

提示

注意代码编写的缩进，这是规范。按Tab键完成一个缩进。

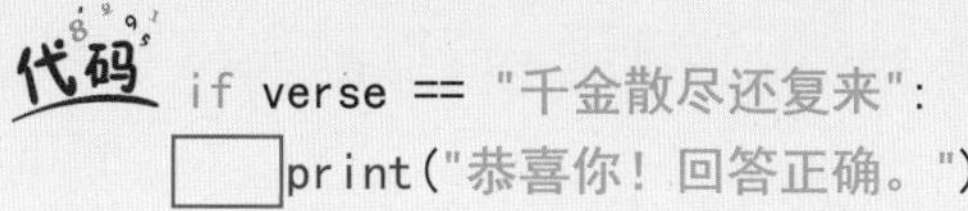

```
if verse == "千金散尽还复来":
    print("恭喜你！回答正确。")
```

程序运行结果如下：

天生我材必有用
请输入下一句：君不见黄河之水天上来
回答错误，正确答案是：千金散尽还复来

第一个等号的意思是**赋值**给**verse**，也就是说让verse的值等于你输入的诗句。

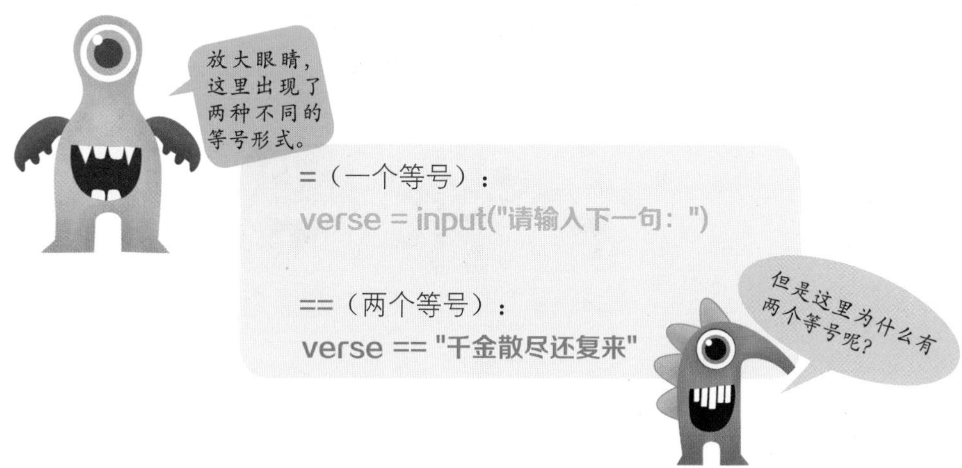
放大眼睛，这里出现了两种不同的等号形式。
=（一个等号）：
verse = input("请输入下一句：")
==（两个等号）：
verse == "千金散尽还复来"
但是这里为什么有两个等号呢？

第二个等号的意思是**比较verse**和**千金散尽还复来**，看看它们是否相等（相同）。

在前面的代码后面加上：

```
print(verse)
print(verse == "千金散尽还复来")
```

如果你输入的是“千金散尽还复来”，会得到：

千金散尽还复来
True

如果你输入的是“将进酒”会得到：

```
将进酒
False
```

print(verse)出现的结果就是你输入的诗句。

print(verse == "千金散尽还复来")出现的结果是True或者False，如果相同（相等），那么是True，否则是False。

其中的verse是变量，变量就是可变化的值。

## 3.2 第10课：脑筋急转弯一般的名字

变量有时候会变幻莫测，一起来个小挑战——多变的名字。

Python学习真有趣，一边玩游戏一边来学习


有两只小动物，一只小鹿和一只小狐狸，在程序中用deer和fox来代表它们。

现在要给它们取名字了。

**问题1**

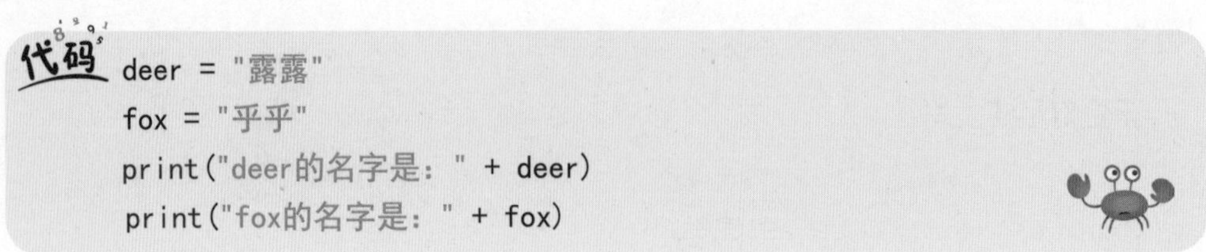

代码

```
deer = "露露"
fox = "乎乎"
print("deer的名字是：" + deer)
print("fox的名字是：" + fox)
```

deer和fox的名字是什么？

给deer赋值露露，打印deer输出的是deer指向的内存内容露露。

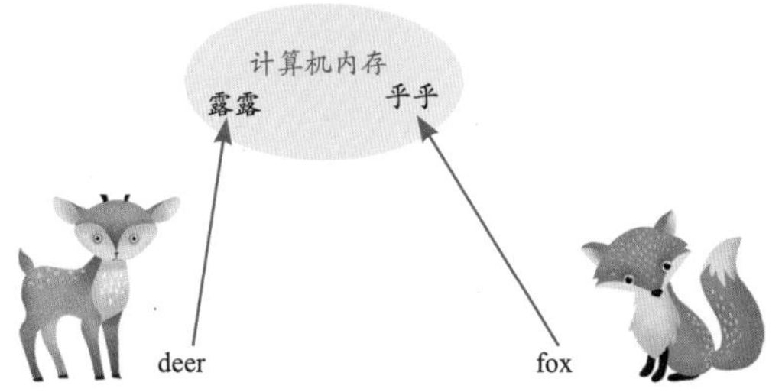


输出结果如下：

```
deer的名字是：露露
fox的名字是：乎乎
```

### 问题2

```
deer = "露露"
fox = "乎乎"
deer = "哈哈"
fox = "灰灰"
print("deer的名字是：" + deer)
print("fox的名字是：" + fox)
```

deer和fox的名字是什么？

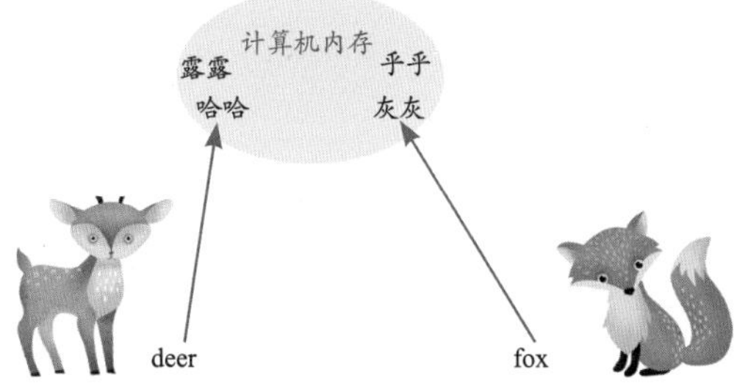


deer的名字变成了哈哈；fox的名字变成了灰灰。

输出结果如下：

```
deer的名字是：哈哈
fox的名字是：灰灰
```

### 问题3

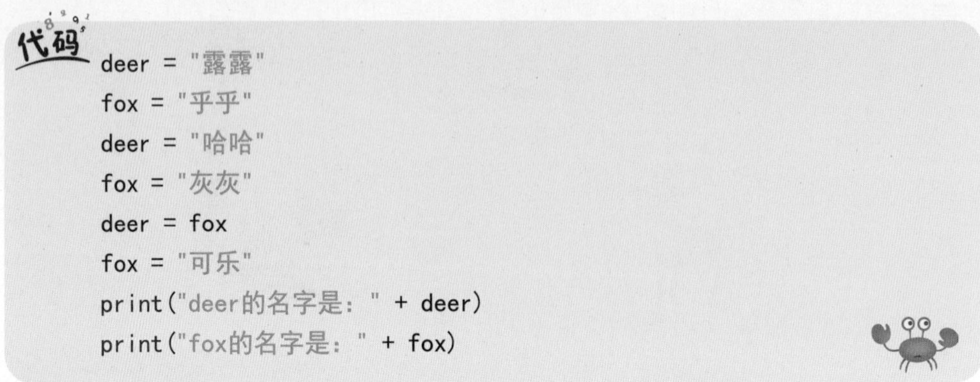

```
代码
deer = "露露"
fox = "乎乎"
deer = "哈哈"
fox = "灰灰"
deer = fox
fox = "可乐"
print("deer的名字是：" + deer)
print("fox的名字是：" + fox)
```

deer和fox的名字是什么？

deer = fox将fox的内容赋值给deer，这个时候fox的名字还是“灰灰”，而deer的名字变成了**灰灰**。

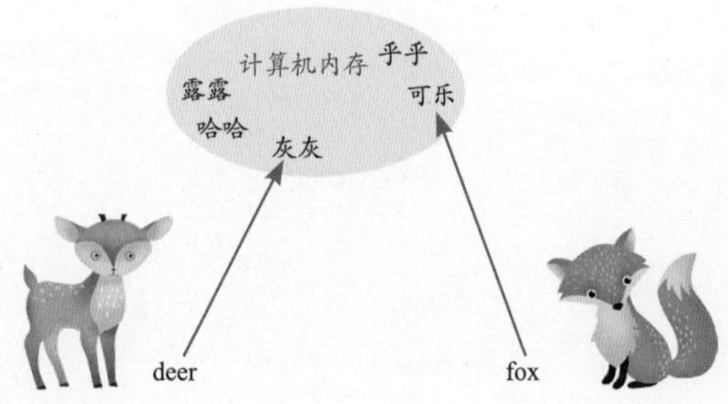


输出结果如下：

```
deer的名字是：灰灰
fox的名字是：可乐
```

### 问题4

```
代码
deer = "露露"
fox = "乎乎"
deer = "哈哈"
fox = "灰灰"
deer = fox
fox = deer
print("deer的名字是：" + deer)
print("fox的名字是：" + fox)
```

deer和fox的名字是什么？

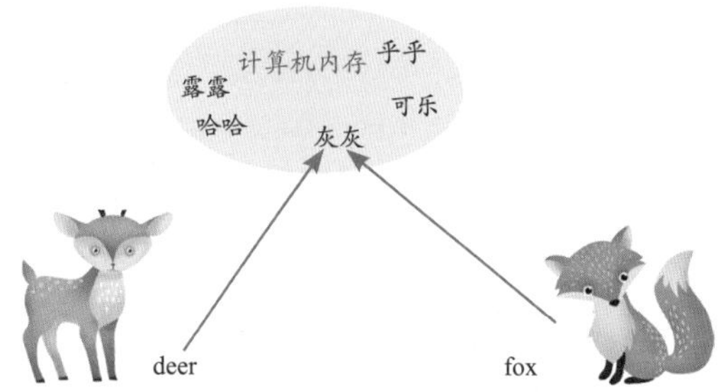


输出结果如下：

```
deer的名字是：灰灰
fox的名字是：灰灰
```

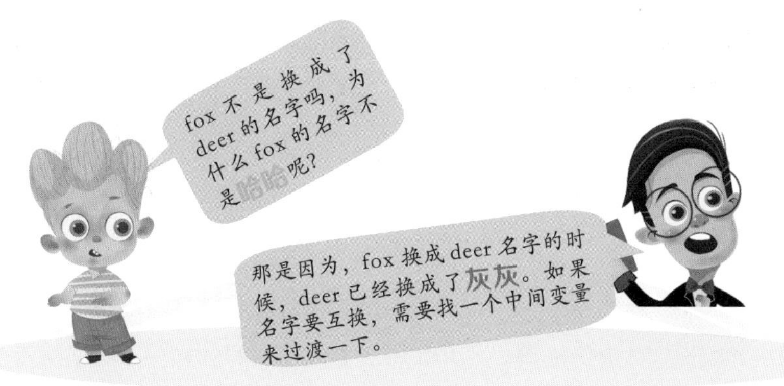

fox不是换成了deer的名字吗，为什么fox的名字不是哈哈呢？
那是因为，fox换成deer名字的时候，deer已经换成了灰灰。如果名字要互换，需要找一个中间变量来过渡一下。

**小挑战**

在不直接输入文字的情况下，如何实现fox和deer的名字互换？

"deer的名字是："被双引号（英文输入法）包裹的是字符串。deer是变量。

有个引号，区别非常大。

不妨看看这段代码有什么不同。

代码
```
string = "我是变量"     #给string变量赋值“我是变量”
num = 123456            #给num变量赋值123456
print(123456)           #输出数字123456
print("string")         #输出字符串“string”
print(string)           #输出变量string和字符串“string”是不同的
print(num)              #输出变量num
```

```
print(123456) ——————→ 123456   直接数字，不需要引用
print("string") ————→ string   字符串，需要双引号
print(string)———————→ 我是变量   输出的是变量的内容
print(num)——————————→ 123456   输出的是变量的内容
```

在这个例子中，变量指向的值类型有数字和字符串。它们是Python中的标准数据类型。在Python中，标准数据类型主要有5种：**数字（Number）**、**字符串（String）**、**列表（List）**、**元组（Tuple）**、**字典（Dictionary）**。

## 3.3 第 11 课：数字的奥秘

数字数据类型主要用来存储数字。在计算机编程中经常会用到数字，例如实验数据的计算、游戏中的得分、网购价格等。Python中支持4种不同的数字类型：**int（整数）**、**long（长整型）**、**float（浮点型）**、**complex（复数）**。本节主要介绍int和float。

- **int**：有符号整数，平时使用得比较多，例如1、90、-10等。
- **float**：浮点数，即小数，例如2.2、9.8、6.78等。

### 3.3.1 数字运算符

Python可以用于计算，经常会用到运算符。

+运算符用来进行加法运算。例如，用Python计算9+8。

```
9+8
17
```

-运算符用来进行减法运算。我们出一个难度大一点的计算题：

**988888-564656**，Python能帮我们计算出结果吗？

```
988888-564656
424232
```

×运算符用来进行乘法运算。例如，用Python来计算89*65的值。
不过程序的乘法运算符长成这样*。

```
89*65
5785
```

÷运算符用来进行除法运算。例如，用Python来计算988/34的值。
程序的除法运算符长成这样/。

```
988/34
29.058823529411764
```

### 3.3.2 运算顺序

学习了基本的数字运算符，接下来使用它们进行运算。

3+1*9等于多少呢？
有的小朋友会说是：**3+1*9=36**。
有的小朋友会说是：3+1*9=12。

哪个才是正确的呢？用Python来给你们解答一下：

```
3+1*9
12
```

因为两级运算时，**先乘除**，后加减。其中，加法和减法为第一级运算，乘法和除法为第二级运算。因此，我们先进行乘法运算，1*9=9，再进行加减运算，**9+3=12**。看来要学习编程，数学方面也要下功夫。

再来计算一个更加复杂的题目(12+2)*3/2+4。这个计算式太复杂了，我算不出来了。让Python来教教我们。

```
(12+2)*3/2+4
25.0
```

这次的算式是有括号的，首先计算括号中的12+2=14，然后计算括号外的14*3/2+4，括号外的我们先计算乘除，所以按顺序先计算乘法14*3=42，再计算除法42/2=21，最后计算加法21+4=25。

小朋友们，学会了吗？我们再挑战一个更加复杂的题目，如果这个都能算出来，你们就很厉害了。题目是：(((4+5)*2)/3)+10*2，看着很难。别怕，让Python来帮我们解决它。

```
(((4+5)*2)/3)+10*2
26.0
```

这次的算式是括号中还套着括号，我们先计算最里层括号的4+5=9，这时候算式变成了((9*2)/3)+10*2；接下来计算外面一层括号的9*2=18，算式成了(18/3)+10*2，再往外一层计算，18/3=6，算式成了6+10*2，这个时候就很简单了，先计算10*2=20，算式变成了6+20=26。

### 3.3.3 数字也有英文名

```
1+4
5
```

这个简单的运算也可以用变量来表示。我们为1创建一个变量first，为4创建一个变量second，然后进行计算，把两个变量加起来。

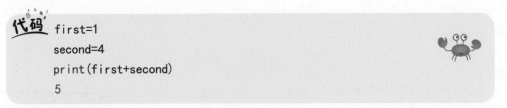

代码

```
first=1
second=4
print(first+second)
5
```

我们要计算1.2*5等于多少，用变量要怎么表示呢？首先为浮点数1.2创建一个变量a，然后为整数5创建一个变量b，再进行相应的计算。

```
a=1.2
b=5
```

```
a*b
6.0
```

为了巩固学习，我们再来计算一个3/2，看看结果是多少。

```
a=3
b=2
a/b
1.5
```

计算题验证程序就诞生了，通过这个程序就可以验证我们做的计算题是否正确。一共分为5个步骤：

1. 输入一个加数 addend1：
   addend1 = int(input("输入第一个加数："))
2. 再输入一个加数 addend2：
   addend2 = int(input("输入第二个加数："))
3. 输入计算的和：
   result = int(input("输入你计算的结果："))
4. 将输入的和与正确答案做比较：
   if result == addend1 + addend2:
5. 输出判断结果。

**提示**

int()方法是将我们输入的字符串转换成数字。字符串"123"转换成数字123，但是字符串"abc"无法转换成数字，因此程序会报错。

**代码**

```
addend1 = int(input("输入第一个加数："))
addend2 = int(input("输入第二个加数："))
result = int(input("输入你计算的结果："))
if result == addend1 + addend2:
    print("回答正确。")
else:
    print("回答错误。")
```

# 3.4 第 12 课：字符串是什么东西

字符串是Python的基本数据类型之一，也是在程序中使用比较多的数据类型。字符串的表现形式是用引号引起来，可以用单引号' '或者双引号" "。注意，引号要用英文格式的" "或' '，而不是中文格式的 “” 或 ‘’ 。

接下来，我们为字符串创建变量，其实和创建数字变量是一样的。

```
str="Hello World!"
```

这就创建了一个字符串对象，并赋值给了str。后面如果需要使用**Hello World!**，我们通过操作str就可以了。例如，我们要输出**Hello World!**到屏幕上，通过操作str即可。代码如下：

```
str="Hello World!"
print(str)
Hello World!
```

Python也可以用单引号标识字符串，例如：

```
str='Hello World!'
print(str)
Hello World!
```

依然可以看到，屏幕上打印出了**Hello World!**。

## 字符串变量的作用

通过字符串变量，我们可以对字符串对象进行操作。

### 1. 拼接字符串变量

我们在屏幕上输入名字，让Python记住。

我们可以将两个字符串变量相加，变成一个新的字符串。

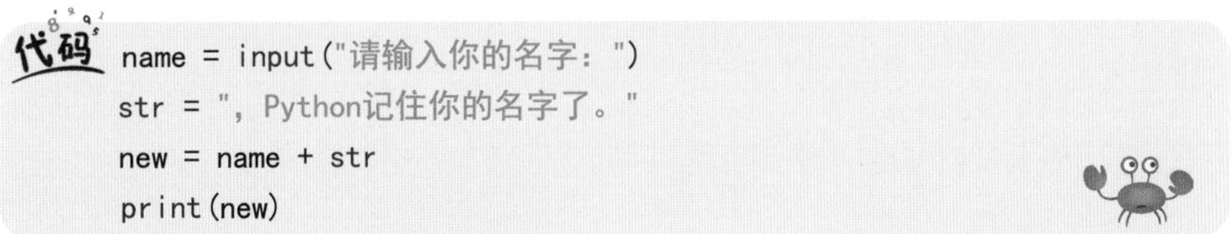

代码

```
name = input("请输入你的名字：")
str = "，Python记住你的名字了。"
new = name + str
print(new)
```

输入我的名字：凤飞，程序运行结果为：

哇，字符串也能做加法！

**请输入你的名字：凤飞**
**凤飞，Python记住你的名字了。**

在上述程序中，我们将字符串变量name和字符串变量str相加，成为一个新的字符串new。我们将这个操作称为字符串的拼接。如果将数字变量和字符串变量相加，会发生什么呢？我们来实践一下。

我们定义两个变量，num为数字变量，string为字符串变量，将num和string进行加操作。

代码

```
num = 321
string = "，时间到！"
print(num + string)
```

程序运行出错了，数字和字符串既不能进行加法运算，也不能进行拼接操作。

### 2. 字符串变量的截取

我们能获取字符串变量中的一个字符。

代码

```
var = "i love my family!"
var_1 = var[2]
print(var_1)
```

程序运行结果如下：

```
l
```

在上述程序中，我们先创建了一个字符串对象"i love my family!"，给字符串贴上了var的标签，而后获取了该字符串对象的第2位var[2]。

截取字符串是从0位开始计算的：i是第0位，空格是第1位，小写字母l是第2位。

给字符串对象的第2位贴上了var_1标签并且打印在屏幕上。如果我们要取字符串对象中的love，要怎么写呢？

```
var = "i love my family!"
var_1 = var[2:6]
print(var_1)
```

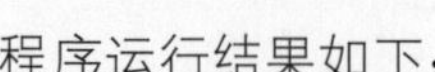

程序运行结果如下：

```
love
```

在上述程序中，我们通过var[2:6]截取了字符串对象中的love。

2:6表示从第2位开始一直截取到第6位，但是不包括第6位。

l是第2位，o是第3位，v是第4位，e是第5位，空格是第6位，但是不截取第6位。

2:6截取第2位到第6位的前一位。

### 3. 字母大小写快速互换

我们可以改变字符串变量中内容的字母大小写。

```
string = "HAVE A GOOD DAY!"
string2 = string.lower()
print("大写转换为小写：" + string2)
```

程序运行结果显示，"HAVE A GOOD DAY!"成功转换为小写了：

```
大写转换为小写：have a good day!
```

在上述程序中，我们将"HAVE A GOOD DAY!"转换为小写"have a good day!"，这是通过lower()函数来完成的。

代码

```
string = "happy birthday to you!"
string2 = string.upper()
print("小写转换为大写: " + string2)
```

程序运行结果如下：

```
小写转换为大写: HAPPY BIRTHDAY TO YOU!
```

在上述程序中，我们将"happy birthday to you!"转换为大写："HAPPY BIRTHDAY TO YOU!"，这是通过upper()函数来完成的。

大小写转换，真方便！

**4. 在字符串中插入变量**

我们可以在字符串中的某个位置插入变量。

接下来，我们用这个方法来欢迎一下新同学。

```
str = input("请输入新同学的名字: ")
print("欢迎%s同学，和我们一起学编程!" % str)
```

程序运行结果如下：

```
请输入新同学的名字: 凤飞
欢迎凤飞同学，和我们一起学编程!
```

字符串的操作还有很多功能，需要同学们在后续的学习中不断探索哦。

在上述程序中，大家可以看到我们使用了两个百分号%就将凤飞插入欢迎同学，和我们一起学编程!这句话中。

首先第一个%s告诉Python要在哪个位置插入字符串，第二个%告诉Python要插入的字符串是哪个，Python知道了之后，就会帮我们在字符串中插入变量。

```
str=input("请输入新同学的名字：")
print("欢迎%s同学，和我们一起学编程！" % str)
```

在这里插入字符串　　插入这个字符串

```
请输入新同学的名字：凤飞
欢迎凤飞同学，和我们一起学编程！
```

%s表示插入的变量是字符串变量，也可以插入数字变量，将s改成d就可以了。

```
name = input("请输入你的名字：")
age = int(input("请输入你的年龄："))
print("我的名字叫作%s，我今年%d岁" % (name,age))
```

程序运行结果如下：

```
请输入你的名字：果果
请输入你的年龄：9
我的名字叫作果果，我今年9岁
```

在上述程序中，我们通过%d在字符串中插入了整数。

age = int(input("请输入你的年龄：")), 这句代码接收了输入的值，并且把输入的值转换为整数。

## 3.5 第 13 课：变量名字很讲究

大家注意到变量名了吗？基本都是以字母开头，大家知道为什么吗？原来Python变量的命名需要遵循一定的规则，变量的命名规则有很多，下面我们介绍常用的规则。

（1）变量可以取你喜欢的任何名字。不过要记住一点，变量的名字由字母、数字、或者下画线“_”组成，不能使用空格、连字符、标点符号、引号或其他字符。例如var$就是不合法的，Python会帮我们指出来。

```
var$=1
SyntaxError: invalid syntax
```

Python提示我们invalid syntax，意思是无效的语法。

（2）变量名的第一个字符是有限制的，第一个字符只能是字母或者下画线。如果是字母，那么最好是小写字母。第一个字符不可以是数字。例如，2h这样的变量名是不合法的，b2、a_1、_1a都是合法的变量名。

```
2h
SyntaxError: invalid syntax
```

（3）Python变量名是区分字母大小写的。也就是说，变量名bc和Bc是不同的两个变量名。在程序中，我们定义了bc变量，要输出bc变量，但是我们把bc变量写成了Bc，这个时候Python就不认识了，因为我们定义的变量是bc，而不是Bc。

```
bc=1
print(Bc)
NameError: name 'Bc' is not defined. Did you mean: 'bc'?
```

（4）虽然变量名的长度没有限制，但是不建议太长。如果是这样的：sdklfksdjlfjsdalkjfjksdaklfjkasdfkaskdlfjkas，就会很容易出错。

（5）变量名最好取一眼就能明白的，比如年龄：age，姓名：name。

## 3.6 变量学习小结

（1）变量的概念。

（2）数字以及数字的+、-、×、÷运算。

（3）字符串以及字符串的拼接、截取、字母大小写等操作。

（4）变量的可变性。

（5）变量的命名规则。

## 3.7 趣味小挑战

（1）设计有5首诗的诗句接龙程序。

（2）运用Python计算（（3+11）*4+12）/2-6，并输出结果。

（3）截取字符串"Believe in yourself"中的Believe，并打印到屏幕上。

（4）在字符串"我喜欢秋天"中的"秋天"前面插入修饰语。

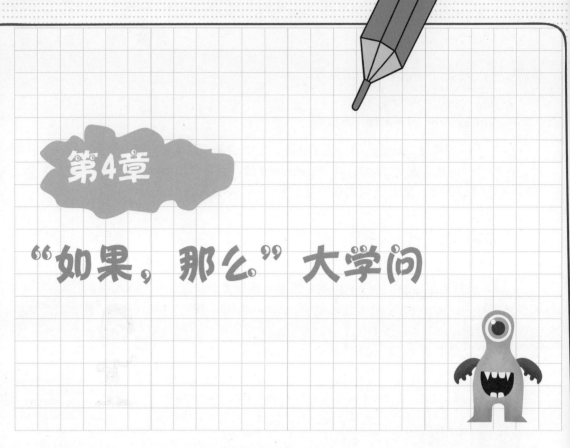

# 第4章

# “如果，那么”大学问

在程序执行过程中，经常运用到**如果，那么**进行分析和判断，根据不同的条件执行不同的命令。

条件判断是根据一个或多个条件的结果进行判断。现在不理解没关系，体验几个游戏，你就知道了。

## 4.1 第 14 课：脑筋急转弯

第一个游戏：脑筋急转弯。

**脑筋急转弯：**你知道狐狸为什么总是摔跤吗？

请说出你的答案。

**如果**你回答正确，**那么**奖励你一个礼物。

这就是一个条件判断。

在Python程序中，我们可以通过if语句来控制程序的执行。基本形式为：

**if判断条件：**

　　**执行语句块……**

**注意**

执行语句需要缩进4个空格，可以通过空格键（按4次空格键）或者Tab键（按1次Tab键）来完成。对于不同的编辑器，因为对Tab键的解析不一致，建议按空格键进行Python程序块分界的缩进。

Tab

试试将上面的条件判断套进来。

if回答正确：

　**那么**奖励你一个礼物。

**编写代码实现条件判断**

```
print("你知道狐狸为什么总是摔跤吗？")
answer = input("请说出你的答案：")
if  answer == "狡猾":                   #将输入的答案与正确答案进行对比
    print("回答正确，获得一份礼物！") #如果相同，那么输出回答正确
```

## 4.2 第15课：查找犯罪嫌疑人

最近发生了一桩入室抢劫案，通过案发地的视频监测锁定了犯罪嫌疑人的特征：黑色衣服，戴着帽子，穿牛仔裤，运动鞋，背着蓝色皮包，现在需要将该特征发布到系统中，让监控从经过路段找出相似嫌疑人。

当时一共有3位嫌疑人经过，看看谁的嫌疑最大，特征最吻合。

- a：身穿黑色外套，没戴帽子，穿着西裤，一双皮鞋，背着蓝色皮包。
- b：身穿蓝色夹克，戴着帽子，穿着牛仔裤，运动鞋，没有背包。
- c：身穿黑色体恤，戴着帽子，穿着西裤，运动鞋，背着蓝色背包。

编写代码，对嫌疑人进行概率排查，设置嫌疑人初始概率为0，然后对特征逐个判断，每当有一个特征符合，概率增加20%，最后看看谁的可能性最大。

代码

```
probability = 0                                #设置初始可能性为0
answer = input("嫌疑人是否身穿黑色衣服?")      #如果特征符合黑衣服，增加20

if answer == "是":
    probability = probability + 20

answer = input("嫌疑人是否戴着帽子?")          #如果戴帽子，增加20
if answer == "是":
    probability = probability + 20

answer = input("嫌疑人是否穿牛仔裤?")          #如果穿牛仔裤，增加20
if answer == "是":
    probability = probability + 20

answer = input("嫌疑人是否穿运动鞋?")          #如果穿运动鞋，增加20
if answer == "是":
    probability = probability + 20

answer = input("嫌疑人是否背包?")              #如果背包，增加20
if answer == "是":
    probability = probability + 20

print("嫌疑人的概率是：" + str(probability) + "%")  #最后将概率输出
```

probability = probability + 20，probability初始值是0。运行probability+20是 0+20=20，那么程序变成了probability = 20，现在的probability变成了20。

这段代码可以这样理解，我们先完成右边的计算，再将答案赋值给左边。

运行程序体验一番，看看最后a、b、c谁的特征最符合。

# 4.3 第 16 课：比较运算符的聚会

从前面的例子中我们知道，条件判断有两种结果：成立与不成立。在计算机中，成立意味着真，在Python中对应的值为True；不成立意味着假，对应的值为False。

例如，5大于19，这是一个条件判断，用计算机语言表示就是if 5>19。

例如，天空的颜色是蓝色，也是一个条件判断，用计算机语言表示就是if color == "blue"。

在上面两个条件判断中，都用到了比较运算符，比较运算符是条件判断语句中非常重要的一部分。

### 1. 比较运算符 ==

如果两个操作数的值相等，那么条件判断表达式的结果值为True（真），否则为False（假）。

例如，if myName == "凤飞"。

如果我的名字是凤飞，那么该条件判断表达式的值为True（真）。
如果我的名字不是凤飞，那么该条件判断表达式的值为False（假）。

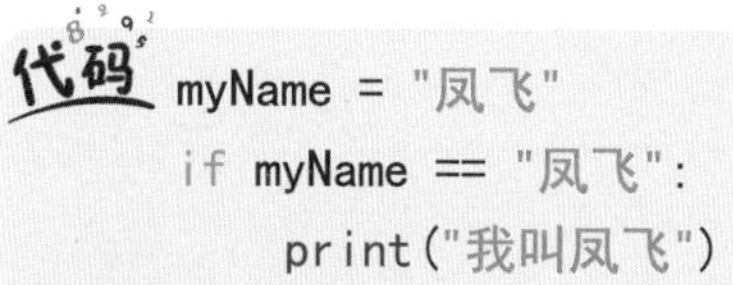

```
myName = "凤飞"
if myName == "凤飞":
    print("我叫凤飞")
```

程序运行结果如下：

```
我叫凤飞
```

是不是感觉==似曾相识呢？这和我们之前学过的赋值运算符=很像，但是它们完全不一样哦。=是给变量赋值的，只有一个等号。==是对比两边的值是否相等，有两个等号。

就像上面的例子中，myName="凤飞"，给变量myName赋值“凤飞”。myName=="凤飞"，进行条件判断，判断我的名字是不是叫“凤飞”。

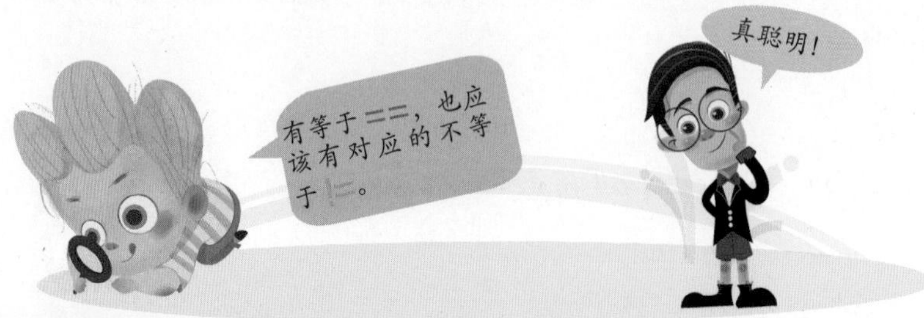


**2. 比较运算符 !=**

!是非的意思，!=就是该比较运算符两边的值不相等时返回True，符号两边的值相等时返回False。

例如if myName != "凤飞"。

**如果**我的名字是“凤飞”，**那么**该条件判断表达式的结果值为False（假）。

**如果**我的名字不是“凤飞”，那么该条件判断表达式的结果值为True（真）。

**如果**我的名字是“怪怪”，说明不是“凤飞”，那么该条件判断表达式的值为True（真）。



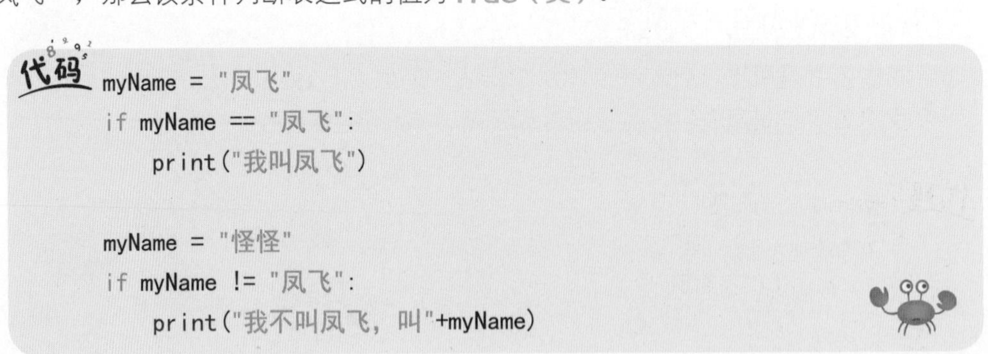
代码

```
myName = "凤飞"
if myName == "凤飞":
    print("我叫凤飞")

myName = "怪怪"
if myName != "凤飞":
    print("我不叫凤飞，叫"+myName)
```

程序运行结果如下：

我叫凤飞
我不叫凤飞，叫怪怪

一定要好好对比这两段代码哟，它们刚好反过来了。

**3. 比较运算符是 >**

学过数学的小朋友应该都知道这个运算符，它的作用和数学课本上是一样的，用来比较两边数字的大小。

例如if 10>9。

如果10大于9，那么条件判断的结果为True。
如果10小于9，那么条件判断的结果为False。

但是10不可能小于9。

```
if 10 > 9:
    print("10比9大")
else:
    print("10比9小")
这条语句永远都不会执行了吧，因为 10 不可能比 9 小。
```

程序运行结果如下：

10比9大

**4. 比较运算符是 <**

它和上面的>是相反的关系。

例如if 10<9。

如果10小于9，那么该条件判断表达式的结果值为True。

如果10大于9，那么该条件判断表达式的结果值为False。

代码

```
if 10 < 9:
    print("10比9小")
else:
    print("10比9大")
```

10<9不成立，那么返回False（假），执行else里的程序块。

对比时间到，好好对比>和<这两段代码。

程序运行结果如下：

10比9大

**5. 比较运算符是 >=**

>=是在>的基础上加了一个=。

这个比较运算符的作用是比较两边的数字是不是大于或等于的关系。我们来编写一个程序，在屏幕上显示一个数字，小朋友想出一个比它大的数字，就能得到奖励哦。

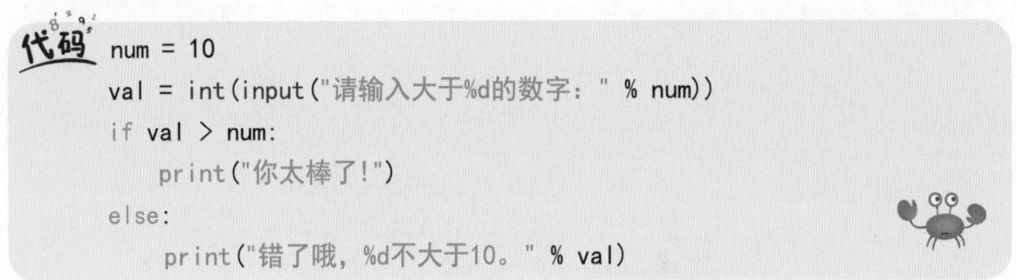

代码

```
num = 10
val = int(input("请输入大于%d的数字：" % num))
if val > num:
    print("你太棒了！")
else:
    print("错了哦，%d不大于10。" % val)
```

**小拓展**

input("请输入大于%d的数字：" % num)用来获取你输入计算机的字符串，然后使用int()函数将字符串变成int类型，以进行接下来的数字比较。

字符串和数字是不能进行比较的哟！

"1"是字符串，1是数字，它们不能直接比较，需要将"1"转换成数字int("1")，这样才可以和数字1进行比较。

**输入**：11。

**条件**：大于10，成立，条件判断表达式的结果值为True。

**得到**：你太棒了！

**输入：** 10。
**条件：** 大于10，不成立，条件判断表达式的结果值为False。
**得到：** 错了哦，10不大于10。

**输入：** 9。
**条件：** 大于10，不成立，条件判断表达式的结果值为False。
**得到：** 错了哦，9不大于10。

我们把程序中的>改成>=，会有什么神奇的变化呢？

```
num = 10
val = int(input("请输入大于或等于%d的数字：" % num))
if val >= num:
    print("你太棒了！")
else:
    print("错了哦，%d小于10。" % val)
```

**输入：** 11。
**条件：** 大于10，成立，条件判断表达式的结果值为True。
**得到：** 你太棒了！

**输入：** 10。
**条件：** 等于10，成立，条件判断表达式的结果值为True。
**得到：** 你太棒了！

**输入：** 9。
**条件：** 9大于等于10，不成立，条件判断表达式的结果值为False。
**得到：** 错了哦，9小于10。

>=表示不仅大于成立，等于也成立，它是将>和=合成了一个符号，进行了组合创新。

哈哈，你发现没有，大于或等于就是不小于。

### 6. 比较运算符 <=

<=比较运算符的作用是比较两边的数字是不是小于或等于的关系。

仿照<和>的对比学习方法，来对比>=和<=，把>=代码修改一下，然后输入进行比较。


代码
```
num = 10
val = int(input("请输入小于%d的数字：" % num))
if val < num:
    print("你太棒了!")
else:
    print("错了哦，%d不小于10。" % val)
```

**输入**：9。

**条件**：9小于10，成立，条件判断表达式的结果值为True。

**得到**：你太棒了！

**输入**：10。

**条件**：10小于10，不成立，条件判断表达式的结果值为False。

**得到**：错了哦，10不小于10。

**输入**：11。

**条件**：11小于10，不成立，条件判断表达式的结果值为False。

**得到**：错了哦，11不小于10。

我们把程序中的<改成<=，结果就会不同哦。

代码
```
num = 10
val = int(input("请输入小于或等于%d的数字：" % num))
if val <= num:
    print("你太棒了!")
else:
    print("错了哦，%d大于10。" % val)
```

**输入**：9。

条件：9小于10，成立，条件判断表达式的结果值为True。

得到：你太棒了！

输入：10。

条件：10等于10，成立，条件判断表达式的结果值为True。

得到：你太棒了！

输入：11。

条件：11小于或等于10，不成立，条件判断表达式的结果值为False。

得到：错了哦，11大于10。

<=表示不仅小于成立，等于也成立，将<和=合成了一个符号。

哈哈，你发现没有，小于或等于就是不大于。

## 4.4 第 17 课：缩进也有讲究

我们来一个梦回过去。

```
age=int(input("请输入你想回到多少岁:"))
if age == 3:
    print("如果我回到3岁，就可以上幼儿园。")
    print("如果我回到3岁，就可以在家看动画片。")
    print("如果我回到3岁，就可以叫爸爸妈妈给我买玩具。")

if age == 18:
    print("如果我回到18岁，就可以去上大学。")
    print("如果我回到18岁，就可以和同学们一起打游戏。")
```

你想回到几岁呢？可以继续编写代码写下自己喜欢的年龄和事情。

例如：

```
if age == 5:
    print("如果我回到5岁，就可以……")
    print("如果我回到5岁，就可以……")
```

```
if (age == 18):
    print("如果我回到18岁，就可以去上大学。")
    print("如果我回到18岁，就可以和同学们一起打游戏。")
```

if语句块的冒号后边的两句程序相比if语句多了4个空格，在程序中，这称为缩进。Python用缩进来标识同一个层次的语句块，同时也让程序更加容易读懂。所以上面两个print语句称为一个语句块。

我们通过上面的程序来学习语句块的缩进。

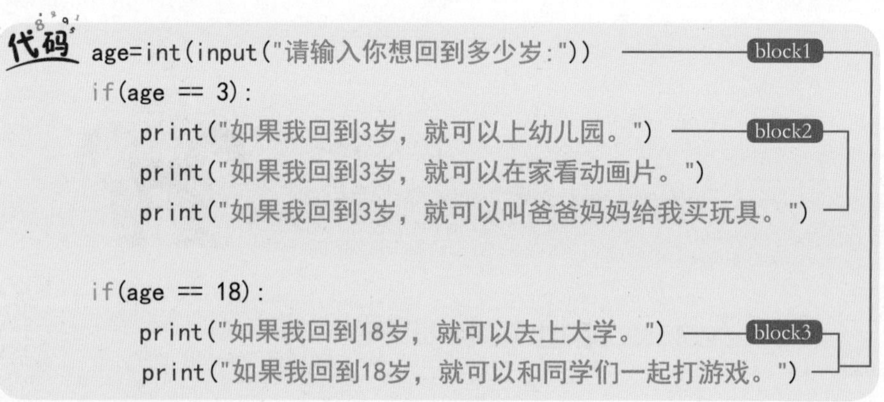

代码

```
age=int(input("请输入你想回到多少岁:"))
if(age == 3):
    print("如果我回到3岁，就可以上幼儿园。")
    print("如果我回到3岁，就可以在家看动画片。")
    print("如果我回到3岁，就可以叫爸爸妈妈给我买玩具。")

if(age == 18):
    print("如果我回到18岁，就可以去上大学。")
    print("如果我回到18岁，就可以和同学们一起打游戏。")
```



print("如果我回到3岁，就可以上幼儿园。")
print("如果我回到3岁，就可以在家看动画片。")
print("如果我回到3岁，就可以叫爸爸妈妈给我买玩具。")
是一个语句块，相比**if age == 3:**缩进了4个空格。

print("如果我回到18岁，就可以去上大学。")
print(“"如果我回到18岁，就可以和同学们一起打游戏。")
也是一个程序块，相比**if age == 18:**缩进了4个空格。

age=int(input("请输入你想回到多少岁:"))
属于主程序块，所以没有缩进。

Python中同一个层次的代码块缩进要一致哦，不然程序会报错的。

测试一下将最后一句代码缩进8个空格，Python会提示什么错误。

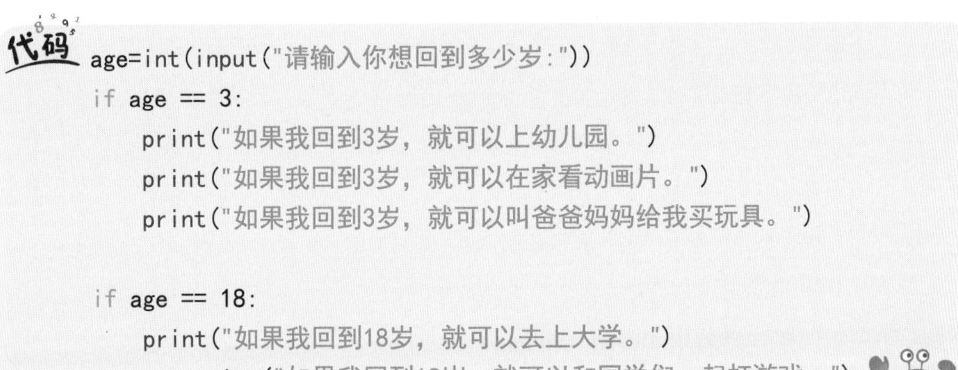

代码

```
age=int(input("请输入你想回到多少岁:"))
if age == 3:
    print("如果我回到3岁，就可以上幼儿园。")
    print("如果我回到3岁，就可以在家看动画片。")
    print("如果我回到3岁，就可以叫爸爸妈妈给我买玩具。")

if age == 18:
    print("如果我回到18岁，就可以去上大学。")
        print("如果我回到18岁，就可以和同学们一起打游戏。")
```

程序运行报错了，报错提示为unexpected indent，即意外的缩进。

贴心提示

为了能正常地运行Python程序，我们要按照Python的规则来进行编码哦。

## 4.5 第 18 课：if 不做的，else 来做

在前面的例子中，大家有没有发现，都是if条件判断表达式的结果值为True（真）时会做相应的事情。那么当if条件判断表达式的结果值为False（假）时，我们是不是也可以让Python做相应的事情呢？

if语句的表现形式如下：

```
if条件判断表达式：
    执行语句块a……
else：
    执行语句块b……
```

**执行语句块**a就是条件判断表达式的结果值为True（真）时，执行的一条或多条程序语句。

**执行语句块b**就是条件判断表达式的结果值为**False（假）**时，执行的一条或多条程序语句。

例如，**如果**这局王者荣耀我赢了，**那么**我的段位就是白银了；**否则**我的段位是青铜。用Python来表示这段逻辑如下：

```
if 我这局赢了：
    我的段位就是白银了
else：
    我的段位是青铜
```

当条件判断**如果我这局赢了**成立，即**为True**时，
我的段位就是白银了；
当条件判断**如果我这局赢了**不成立，即**为False**时，
我的段位是青铜。

else语句是和if语句配套一起使用的，当if语句中的条件判断表达式的结果值为**False**时，程序会执行else语句后面的代码块。else是可选语句，也就是说，if语句可以没有else语句与之匹配。

出一个数学题：“**23 +12等于多少？**”，以此为例来学习else语句。

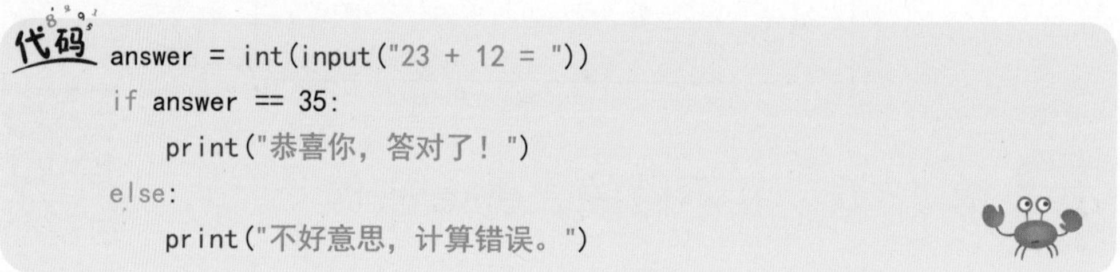

```
answer = int(input("23 + 12 = "))
if answer == 35:
    print("恭喜你，答对了！")
else:
    print("不好意思，计算错误。")
```

程序运行结果如下：

23+12=35
**恭喜你，答对了！**

在上面的程序中，我们使用了if语句和else语句。

当输入的答案为35时，条件判断表达式**if answer == 35**成立，即为**True**时，执行if后面的语句，输出“恭喜你，答对了！”。

当输入的答案不是35时，条件判断表达式**if answer == 35**不成立，即为**False**时，执行else后面的语句，输出“不好意思，计算错误。”。

## 4.6 第 19 课：还有个兄弟叫作 elif

我们给游戏段位设置一个规则：游戏的初始段位为青铜段位，当游戏的分数达到10分时，就可以升到白银段位；当游戏的分数达到50分时，就可以升到黄金段位；当游戏的分数达到80分时，就可以升到王者段位。

我们来分析这个规则。

**规则1：如果**游戏分数小于10分，**那么**游戏段位就是青铜段位，用比较运算符表示：分数<10。

**规则2：如果**游戏分数在10~50分（包括10分，但不包括50分），**那么**游戏段位就是白银段位，用比较运算符表示：10<=分数<50。

**规则3：如果**游戏分数在50~80分（包括50分，但不包括80分），**那么**游戏段位就是黄金段位，用比较运算符表示：50<=分数<80。

**规则4：**剩下的就是王者段位了，分数大于或等于80，用比较运算符表示：分数>=80。

因为只有一个游戏分数，所以只属于其中一个规则范围。这个场景我们就要用到elif语句了。elif是else-if的简写，elif语句和if语句是配套使用的，多个条件判断时会用到。

我们把上面的游戏转换为Python程序语言：

```
score=int(input("请输入你的分数查看你的段位："))
if score<10:              #分数小于10，是青铜
    print("加油哟，你还在青铜段位！")
elif score<50:            #elif表示分数不小于10，说明10<=分数<50
    print("恭喜你升级到了白银段位！")
elif score<80:            #elif表示分数不小于50，说明50<=分数<80
    print("恭喜你升级到了黄金段位！")
else:  #else表示排除上面的所有情况，就只剩下大于或等于80的分数了
    print("真棒，你已经是王者了！")
```

输入分数为46，程序运行结果如下：

```
请输入你的分数查看你的段位：46
恭喜你升级到了白银段位！
```

程序沿着绿色箭头的方向执行，如下所示。

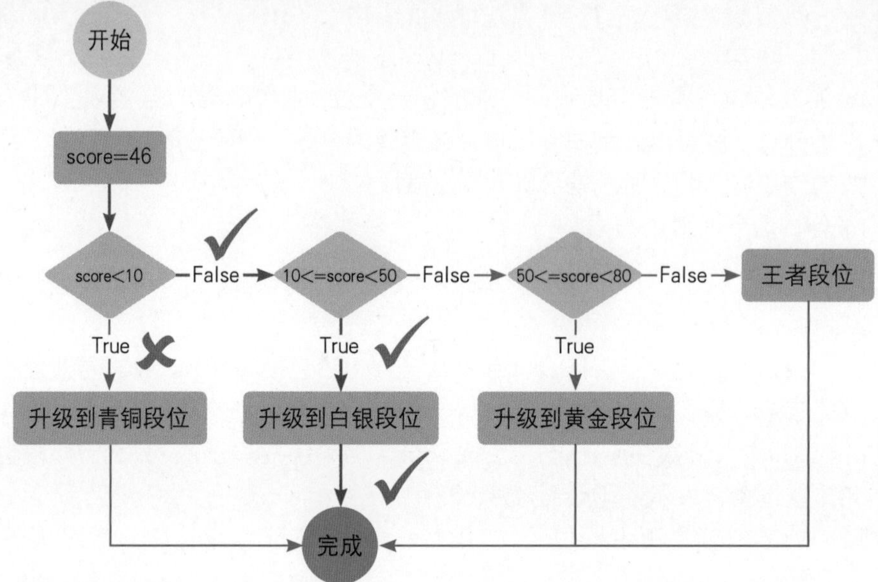


在游戏段位升级中， 程序执行逻辑如上图所示，当我们输入的分数为46时：

（1）程序执行第一个条件判断if score<10，这个条件判断表达式的结果值为False。

（2）程序执行第二个条件判断if 10<=score<50，这个条件判断表达式的结果值为True。

执行程序块：print("恭喜你升级到了白银段位！")，输出“恭喜你升级到了白银段位！”。

（3）回到主程序，主程序没有内容，退出程序。

## 4.7 第 20 课：满足两个条件用 and

考试晋级：如果**你的数学成绩达到95分以上**，同时**你的语文成绩达到90分以上，那么**你可以晋级。用代码怎么表达呢？

用cScore来表示语文成绩，用mScore来表示数学成绩。

代码

```
cScore = int(input("请输入你的语文成绩："))
mScore = int(input("请输入你的数学成绩："))
if cScore > 90:
    if mScore > 95:
        print("恭喜你，晋级了！")
```

上面这个程序需要满足两个条件判断，才会执行相应的输出操作。我们使用两个if语句实现了它。还有一种更简便的方式能够实现它，就是使用and关键字，and是表示“与”或“且”的逻辑运算符。

and关键字表示两个条件都为True（真）时，才执行后续的代码块。因此，上面的程序可以改造为：

代码
```
cScore = int(input("请输入你的语文成绩："))
mScore = int(input("请输入你的数学成绩："))
if cScore > 90 and mScore > 95:
    print("恭喜你，晋级了！")
```

只有一门学科考的好是不能晋级的，必须两门分数都达标。

我们来玩另一个游戏，三原色组合。有红、橙、黄、蓝、绿、青、蓝、紫8种颜色，看看组合后都是什么颜色。

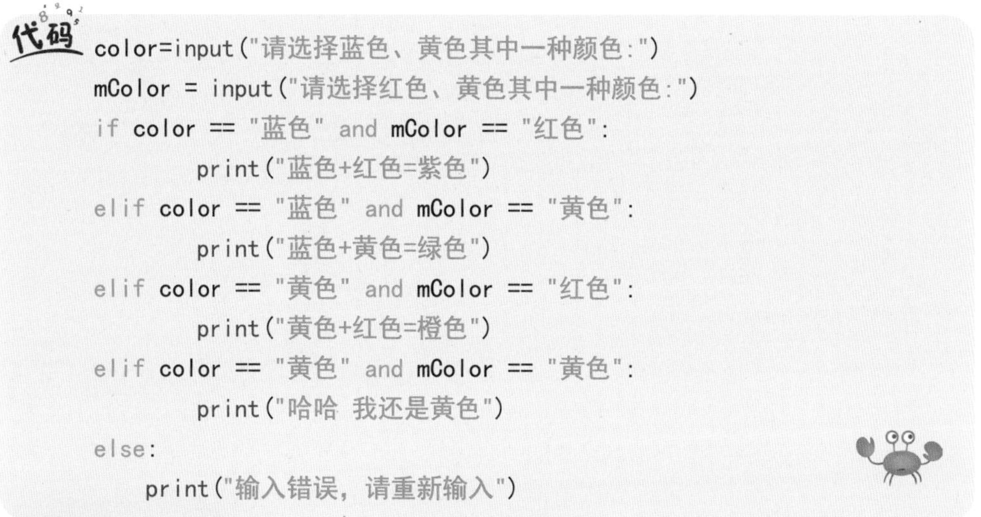

代码
```
color=input("请选择蓝色、黄色其中一种颜色:")
mColor = input("请选择红色、黄色其中一种颜色:")
if color == "蓝色" and mColor == "红色":
        print("蓝色+红色=紫色")
elif color == "蓝色" and mColor == "黄色":
        print("蓝色+黄色=绿色")
elif color == "黄色" and mColor == "红色":
        print("黄色+红色=橙色")
elif color == "黄色" and mColor == "黄色":
        print("哈哈 我还是黄色")
else:
    print("输入错误，请重新输入")
```

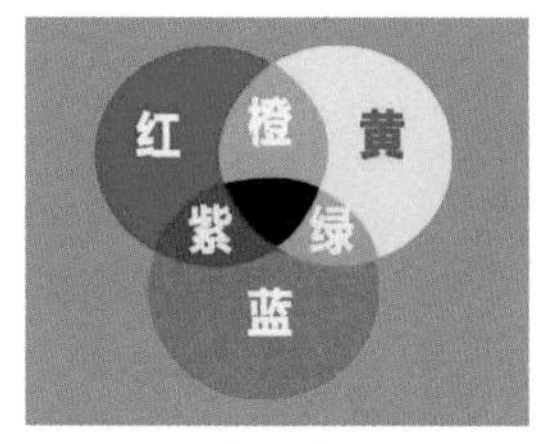


程序运行结果如下：

```
请选择蓝色、黄色其中一种颜色：蓝色
请选择红色、黄色其中一种颜色：黄色
蓝色+黄色=绿色
```

在上面的程序中，我们分别选择了蓝色和黄色：

（1）程序执行第一个条件判断if color == "蓝色" and mColor == "红色"，条件判断表达式的结果值为False。

（2）程序执行第二个条件判断elif color == "蓝色" and mColor == "黄色"，条件判断表达式的结果值为True，输出"蓝色+黄色=绿色"。

（3）程序忽略后面的elif和else，跳回主程序，程序结束。

## 4.8 第21课：满足一个条件用or

体验游戏：幸运大转盘。转盘上有9个数字，分别是1、2、3、4、5、6、7、8、9，只要指针对准5或9，就可以获奖。

通过程序要怎么实现呢？

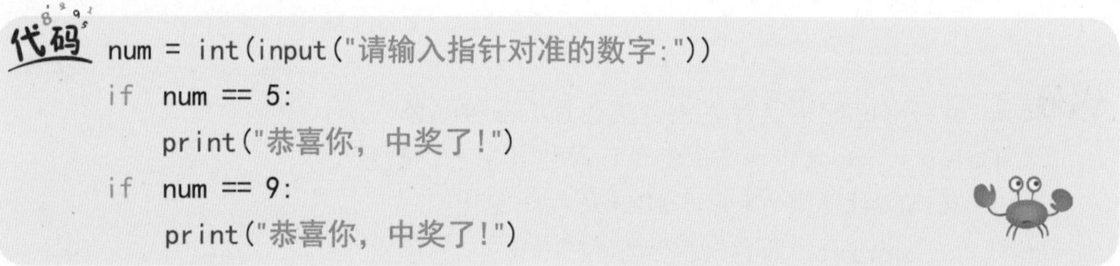

```
num = int(input("请输入指针对准的数字:"))
if  num == 5:
    print("恭喜你，中奖了!")
if  num == 9:
    print("恭喜你，中奖了!")
```

程序运行结果如下：

**请输入指针对准的数字：5**
**恭喜你，你中奖了！**

在上面的程序中，当指针对准5时，条件判断if num == 5的结果为True；当指针对准9时，条件判断if num == 9的结果为True，只要其中一个条件判断为True，就能中奖。在Python中，or关键字能帮助我们简化上面的代码，or是表示"或"的逻辑运算符。

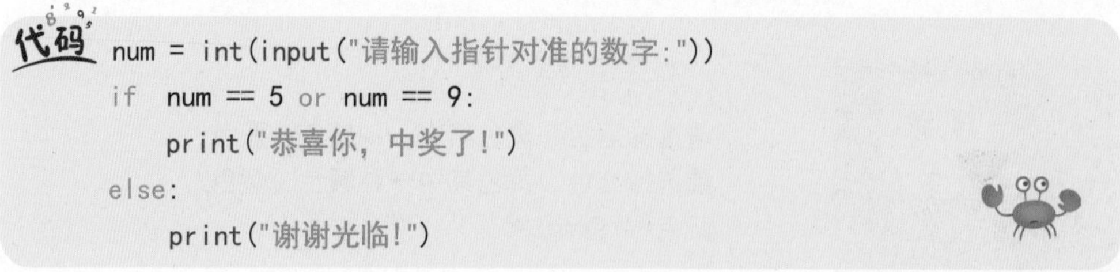

```
num = int(input("请输入指针对准的数字:"))
if  num == 5 or num == 9:
    print("恭喜你，中奖了!")
else:
    print("谢谢光临!")
```

程序运行结果如下：

```
请输入指针对准的数字：9
恭喜你，你中奖了！
```

在上述程序中：

（1）当我们输入的num=9时，执行if语句，此时条件判断表达式num == 5的结果值为False，num == 9的结果为True。我们使用了or关键字，只要任意一个条件判断表达式的结果值为True，就能执行if中的代码块，所以此时输出“恭喜你，中奖了！”。

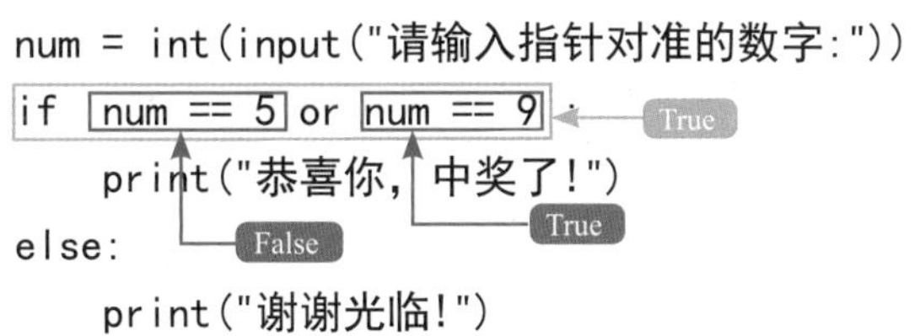


（2）当我们输入的num=5时，执行if语句，此时条件判断表达式num==5的结果值为True，而条件判断表达式num==9的结果值为False。我们使用了or关键字，只要任意一个条件判断表达式的结果值为True，就能执行if中的代码块。所以此时输出“恭喜你，中奖了！”

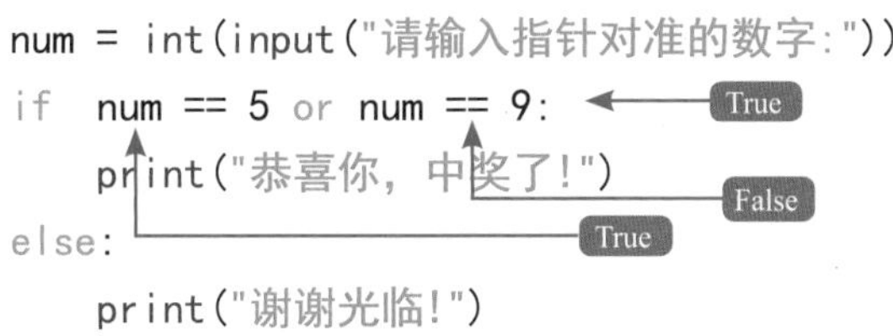


（3）当我们输入的num=10时，执行if语句，此时条件判断表达式num==5的结果值为False，条件判断表达式num==9的结果值也为False。我们使用了or关键字，只有or两端的两个条件判断表达式都为False时，才会执行else中的语句。所以，此时输出“谢谢光临！”。

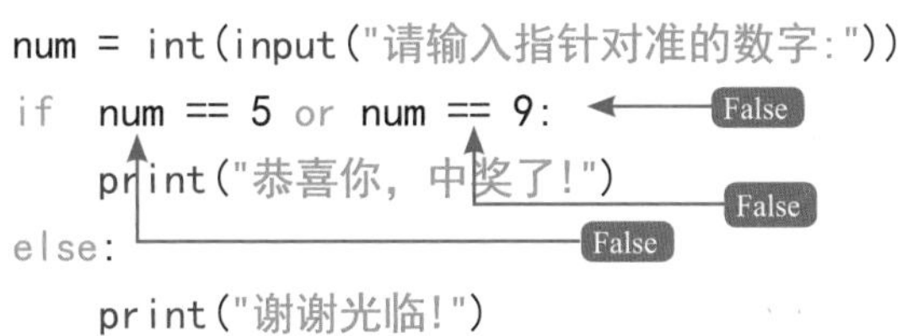

## 4.9 第22课：逻辑运算符not

逻辑运算符not是第3个逻辑运算符，表示“非”，求得相反的逻辑值。用法是：not x。

x是条件判断表达式，当x为True时，not x的结果为False；当x为False时，not x的结果为True。

例如，10>8的结果为True，那么not (10>8 )的结果为False。

10大于8是成立的，这个条件判断表达式的结果值就是True；而not 10大于8，求反，自然就不成立了，它的结果值就是False。

我们来判断一下今天要不要上课，如果是周一、周二、周三、周四、周五，我要去上课；如果是周末，我休息。下面用代码来实现：

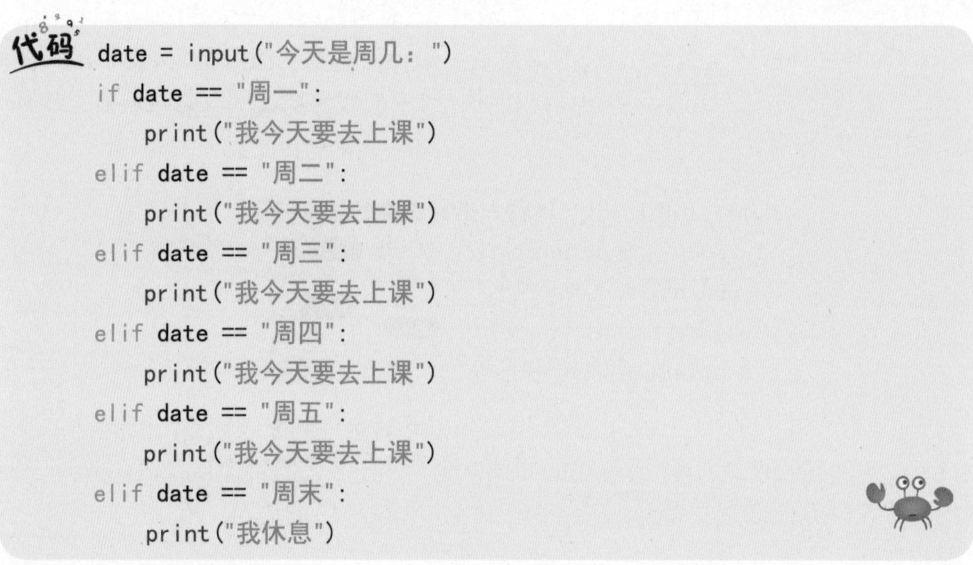

```
date = input("今天是周几：")
if date == "周一":
    print("我今天要去上课")
elif date == "周二":
    print("我今天要去上课")
elif date == "周三":
    print("我今天要去上课")
elif date == "周四":
    print("我今天要去上课")
elif date == "周五":
    print("我今天要去上课")
elif date == "周末":
    print("我休息")
```

程序运行结果如下：

**今天是周几：周一**
**我今天要去上课**

上述代码大家有没有觉得很烦琐。我们可以用not来简化上面的代码，如果不是周末，我就要上课。我们按照这个语义来修改代码：

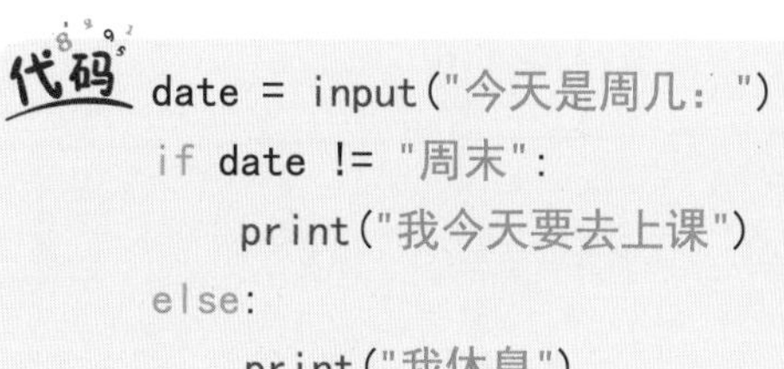

代码

```
date = input("今天是周几：")
if date != "周末":
    print("我今天要去上课")
else:
    print("我休息")
```

程序运行结果如下：

**今天是周几：周二**
**我今天要上课**

同样的结果，not是不是很好用？

## 4.10 条件逻辑小结

（1）条件判断是根据一个或多个条件的结果来进行判断的。

（2）==：如果两个操作数的值相等，就为True（真），否则为False（假）。

（3）!=：两边的值不相等时才返回True，两边的值相等时返回False。

（4）>、<：用来比较两边数字的大小。

（5）>=：用来比较两边的数字是不是大于或等于的关系。

（6）<=：用来比较两边的数字是不是小于或等于的关系。

（7）同一个层级的代码块缩进保持一致，一个Tab键就可以实现了。

（8）else语句：else语句是和if语句配套一起使用的，当if语句中的条件判断表达式的结果值为True时，执行if语句后面的代码块；当if语句中的条件判断表达式的结果值为False时，执行else语句后面的代码块。

（9）elif语句：elif是else-if的简写，elif语句和if语句是配套使用的，多个条件判断时会用到。

（10）and关键字：表示两个条件判断表达式的结果值都为True时，才执行后续的代码块。

（11）or关键字：只要任意一个条件判断表达式的结果值为True，就能执行后续的代码块。

（12）not关键字：表示相反的逻辑。

## 4.11 条件逻辑大考验

（1）如果今天是大晴天，全家就出去春游；否则就去商城。用else语句描述这句话。

（2）1月、2月、3月为春季；4月、5月、6月为夏季；7月、8月、9月为秋季；10月、11月、12月为冬季。输入一个月份，然后输出是什么季节。

（3）如果我有钓鱼竿和鱼饵，就能去钓鱼了。用and关键字表示这句话。

（4）如果我有棒棒糖或者面包，就很开心了。用or关键字表示这句话。

（5）如果不下雨，我就出去玩。用not表示这句话。

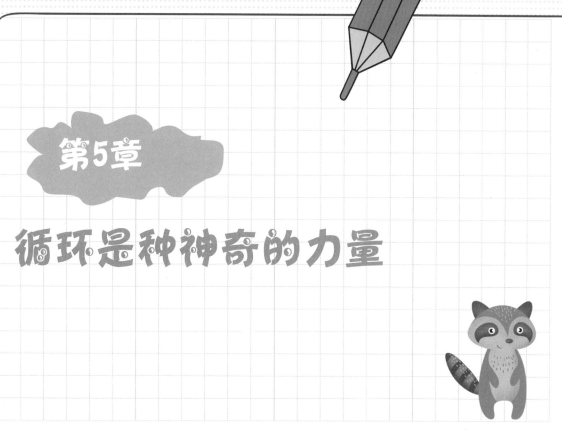

# 第5章

# 循环是种神奇的力量

在日常生活中，我们总是要重复地做一些事情。

例如，当我们遇到老师要求罚抄课文10遍的时候，我们要一遍一遍地抄着同样的内容，这个时候应该认真地抄，这样可以帮助你记忆。

但如果是罚抄10000遍，我觉得可以找Python来帮你了。

今天给大家介绍Python的一个超级技能，它可以帮助我们做重复的事情，一起来探索吧。

我们都来了呢

## 5.1 第23课：修炼内功for循环

循环第一课，不是罚抄课文，而是抄写名字。抄写自己的名字10遍，我的名字叫作“果果”，很快我就将名字的抄写任务完成了。可是有一个小朋友的名字特别复杂，叫“温馨馨”，我完成了任务，但是她还在写第二个字“馨”。

温馨馨，温馨馨，10遍，10遍，好难啊！

学习了Python，我们就不用害怕了。Python能帮我们解决难题。让我们一起来看Python会怎么做吧。

首先可能会想到使用复制代码的办法，将名字一遍一遍地打印出来。

虽然这样还是会很累，但是总的来说，舒服很多了。

这是我写的代码：

```
print("温馨馨")
print("温馨馨")
print("温馨馨")
print("温馨馨")
print("温馨馨")
print("温馨馨")
print("温馨馨")
print("温馨馨")
print("温馨馨")
print("温馨馨")
```

运行程序，屏幕上打印了10个“温馨馨”。

温馨馨
温馨馨
温馨馨
温馨馨
温馨馨
温馨馨
温馨馨
温馨馨
温馨馨
温馨馨

但是这样一遍一遍地打印，还是很累，不知道Python有没有更简单的办法。

Python那么厉害，肯定有更加智能的方式。我们一起开动脑筋，突然想到了for循环语句。我们一起来改造上面的程序。

### 1. 遍历数字

通过for循环语句将10行重复代码变成了两行，先试一试运行后的效果吧。

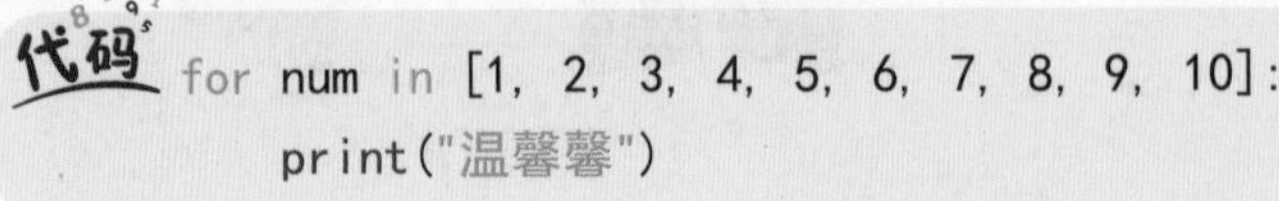

```
for num in [1, 2, 3, 4, 5, 6, 7, 8, 9, 10]:
    print("温馨馨")
```

程序运行结果如下：

温馨馨
温馨馨
温馨馨
温馨馨
温馨馨
温馨馨
温馨馨
温馨馨
温馨馨
温馨馨

这段程序只有两行，但是程序运行的结果和上面那段是一模一样的，是不是很神奇？

因为我们运用了for循环语句，for循环可以用来遍历列表1, 2, 3, 4, 5, 6, 7, 8, 9, 10中的每个对象。

小拓展

列表是常用的Python数据类型，它以一对方括号内再加上逗号来分隔其中的各个值。

就像这样，需要一个 [ 开头，一个 ] 结尾。

[1, 2, 3, 4, 5, 6, 7, 8, 9, 10]

方括号中的数据项用逗号隔开，一定要用英文格式的逗号哟。

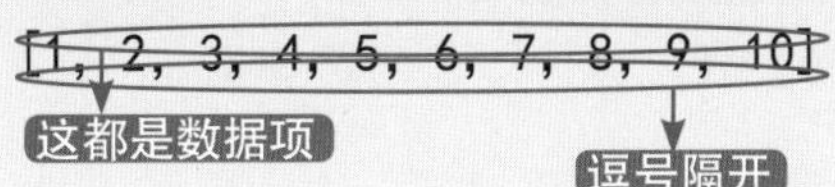


列表的数据项不需要具有相同的类型，字符串和数字可以并存。

你看"果果"和"Python"是字符串，1991和11是数字。

["果果", "Python", 1991, 11]

创建一个列表，只要把逗号分隔的不同的数据项使用方括号括起来即可。

小拓展

遍历就是把对象的元素从头到尾访问一次。

就像我们数数一样，把1~10十个数字一个一个地数过去。

1，2，3，4，5，6，7，8，9，10，不要漏掉任何一个，按照从前往后的顺序数。

体会了一下for循环的威力，下面来看它的基本结构吧。只有掌握了它的基本结构，才能更加自如地使用它。

for循环的基本结构是这样的：

```
for num in [1, 2, 3, 4, 5,6,7,8,9,10]:
```

关键字　元素　关键字　序列

```
for item in iterable:
    do something
```

冒号

for是Python中的关键字。

item是元素，这里是num，指向遍历的值。

in是关键字，告诉num要遍历的对象在它后面。

iterable是对象，可以是列表，也可以是字符串等。

比如，我们这段程序中的对象是一个列表：1，2，3，4，5，6，7，8，9，10，定义了变量num，每次遍历会创建一个数字对象，并且为数字对象挂上num的标签，num的指向会从1变成2，然后变成3，一直变到10，最后结束循环。

列表里有几个数字，就会循环几次。1，2，3，4，5，6，7，8，9，10一共有10个数字，就循环10次，而不是因为末尾的数字10才循环10次。

如果列表里面的数字是10，20，30，40，50，60，70，80，90，100，你猜猜将会循环多少次呢？

我知道答案，我上课最认真了，所以我知道，也是循环10次。因为循环的次数和列表的数字大小没关系，只和里面的数量有关系。

for循环语句冒号后面的代码块是每次循环需要执行的内容。print ("温馨馨")是每次循环要执行的代码。

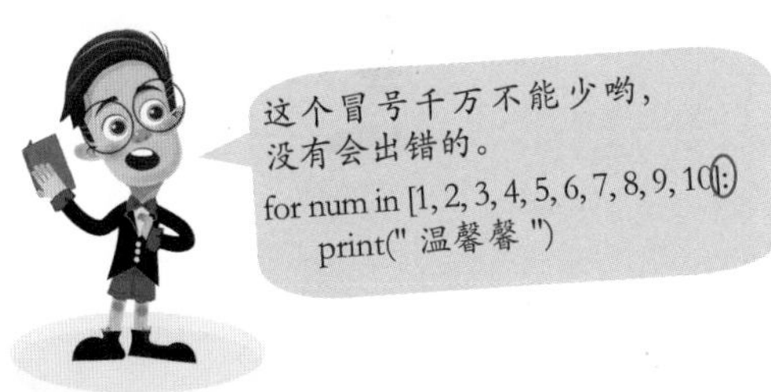


我们将循环中的变量num和执行的代码都打印出来，看看它们都是怎么变化的。

这个时候，我们可以很清楚地看到num的指向在循环的过程中不断地变化。现在我们将num指向的变化都打印出来。

```
for num in [1, 2, 3, 4, 5, 6, 7, 8, 9, 10]:
    print("我是第%d个温馨馨" % num)
```

程序执行结果如下：

```
我是第1个温馨馨
我是第2个温馨馨
我是第3个温馨馨
我是第4个温馨馨
我是第5个温馨馨
我是第6个温馨馨
我是第7个温馨馨
我是第8个温馨馨
我是第9个温馨馨
我是第10个温馨馨
```

注意观察num指向的变化，遍历了列表中的每个数字。之前num也遍历了所有的数字，只不过我们没有将它打印出来。

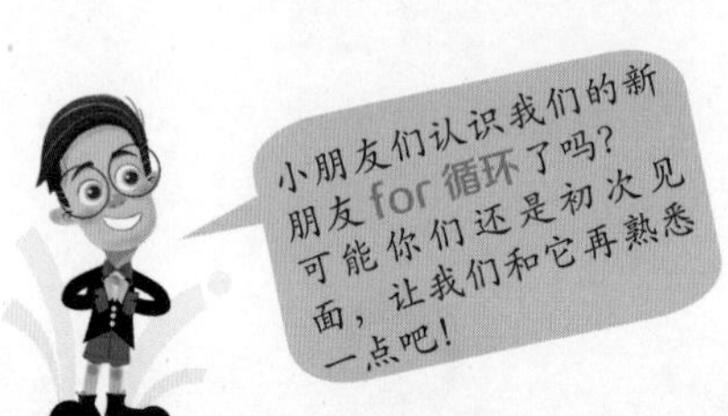


这就是 num

小朋友们认识我们的新朋友for循环了吗？可能你们还是初次见面，让我们和它再熟悉一点吧！

刚刚和我的小伙伴们玩了一场掷骰子的游戏，我一共玩了6次，记录下来的点数分别是6，4，5，3，6，6。你能帮我把6次的点数都打印出来吗？

让我来吧，这个我刚刚学会了！

代码

```
for count in [6,4,5,3,6,6]:
    print("我掷骰子的点数是%d" % count)
```

程序运行结果如下：

```
我掷骰子的点数是6
我掷骰子的点数是4
我掷骰子的点数是5
我掷骰子的点数是3
我掷骰子的点数是6
我掷骰子的点数是6
```

???
但是我不知道哪个点数是哪一次的呢？

我们再来修改一下，给遍历次数标注一下，创建一个变量num，用来记录我们遍历的次数。

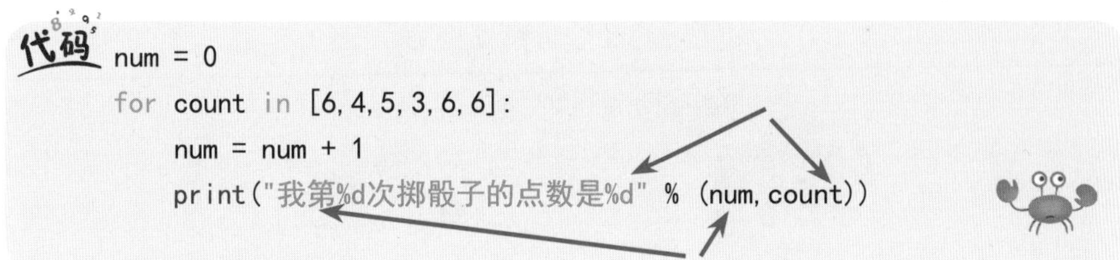

代码

```
num = 0
for count in [6,4,5,3,6,6]:
    num = num + 1
    print("我第%d次掷骰子的点数是%d" % (num,count))
```

程序运行结果如下：

我第1次掷骰子的点数是6
我第2次掷骰子的点数是4
我第3次掷骰子的点数是5
我第4次掷骰子的点数是3
我第5次掷骰子的点数是6
我第6次掷骰子的点数是6

第一个%d对应的是次数，是变量num的值，所以num在前面。
第二个%d对应的是点数，是变量count的值，所以count在后面。

小拓展

再给大家介绍一个函数，也可以完成这个效果，来看看用法吧。

代码

```
for num,count in enumerate([6,4,5,3,6,6]):
        print("我%d掷骰子的点数是%d" % (num+1,count))
```

依次单击菜单栏的Run→Run Module选项运行程序，程序运行结果如下：

我1掷骰子的点数是6
我2掷骰子的点数是4
我3掷骰子的点数是5
我4掷骰子的点数是3
我5掷骰子的点数是6
我6掷骰子的点数是6

num取的是列表的索引，不过列表的索引是从0开始的，所以转变成次数需要加1，即num+1。

count取的是列表的元素。

列表索引和元素的对应关系如下：

[6 , 4 , 5 , 3 , 6 , 6]
↓　↓　↓　↓　↓　↓
0　1　2　3　4　5

不要着急，我带你们认识一个函数：range()。它可以很轻松地帮助我们完成1000次任务。

我们用range()来完成之前的名字抄写，抄写1000遍。

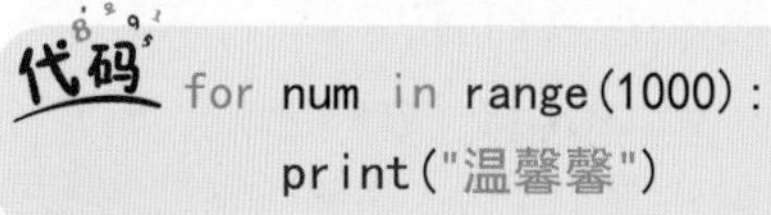

```
for num in range(1000):
    print("温馨馨")
```

程序运行结果如下：

温馨馨
温馨馨
温馨馨
温馨馨
温馨馨
温馨馨
温馨馨
温馨馨
...

循环1000遍，就这么简单地解决了。哈哈，喝瓶酸奶庆祝一下，我们学会了运用循环。

**特别提醒**

虽然使用for num in range(1000)帮助我们完成了1000次循环，但它不是从1开始一直计数到1000的，它是从0开始一直计数到999。

我们用小一点的数字来试试，将num打印出来，看看是怎么计数的。

```
for num in range(10):
    print (num)
```

程序运行结果如下：

0
1
2
3
4
5
6
7
8
9

如果你想从1开始，那么将num改成num+1，或者将range(10)修改为range(1,11)。

range(1,11)有了两个参数1和11。说明range()函数可以有两个参数，即一个开始的值和一个结束的值，使用for循环遍历它，会得到一个数字列表，这个列表包含中间的所有数字（但是不包含结束的值）。

如果没有设置起始值，则程序会默认从0开始，例如range(10)。

## 5.2 第 24 课：输出一张九九乘法表

开动脑筋想一想，如何运用循环制作九九乘法表。

大家应该对九九乘法表很熟悉了，总共9行，每一行对应1~9中一个数字的乘法表。下面我们先来看怎么针对一个数字计算它的乘法表。我们先来打印9的乘法表。

1×9=9
2×9=18
3×9=27
4×9=36
5×9=45
6×9=54
7×9=63
8×9=72
9×9=81

打印出来的样子是（一个数字）×9=（乘积）。

编写循环打印的代码：

```
for num in range(1, 10):
    print("%d×9=%d" % (num, num*9))
```

程序运行结果如下：

```
1×9=9
2×9=18
3×9=27
4×9=36
5×9=45
6×9=54
7×9=63
8×9=72
9×9=81
```

在9的乘法表程序中，用到了range()函数，我们设置初始值为1，结束值为10，得到了[1,2,3,4,5,6,7,8,9]的数字列表。这样我们就不用像之前那样一个一个地列出所有的数字了。

九九乘法表是这样的，还需要将9的乘法表横过来。

```
1×1=1
1×2=2  2×2=4
1×3=3  2×3=6   3×3=9
1×4=4  2×4=8   3×4=12  4×4=16
1×5=5  2×5=10  3×5=15  4×5=20  5×5=25
1×6=6  2×6=12  3×6=18  4×6=24  5×6=30  6×6=36
1×7=7  2×7=14  3×7=21  4×7=28  5×7=35  6×7=42  7×7=49
1×8=8  2×8=16  3×8=24  4×8=32  5×8=40  6×8=48  7×8=56  8×8=64
1×9=9  2×9=18  3×9=27  4×9=36  5×9=45  6×9=54  7×9=63  8×9=72  9×9=81
```

\t表示一个空档，相当于按了键盘上的Tab按键。

end = " "可以让print输出不分行，而是用end后面的字符串隔开。

修改代码，使用间隔将每个式子分开。

代码
```
for num in range(1,10):
    print("%d×9=%d" % (num,num*9),end="\t")
```

运行程序，式子横过来了。

1×9=9　2×9=18　3×9=27　4×9=36　5×9=45　6×9=54　7×9=63　8×9=72
9×9=81

这样我们就可以轻松打印出一个数字的乘法表了。这只是一个9的乘法表，尝试挑战一下如何将乘法表完整地打印出来。

代码
```
for i in range(1, 10):
    for j in range(1, i+1):
        print("%d×%d=%d" %(j, i, i*j), end="\t")
    print("")
```

程序运行结果如下：

```
1*1=1
1*2=2	2*2=4
1*3=3	2*3=6	3*3=9
1*4=4	2*4=8	3*4=12	4*4=16
1*5=5	2*5=10	3*5=15	4*5=20	5*5=25
1*6=6	2*6=12	3*6=18	4*6=24	5*6=30	6*6=36
1*7=7	2*7=14	3*7=21	4*7=28	5*7=35	6*7=42	7*7=49
1*8=8	2*8=16	3*8=24	4*8=32	5*8=40	6*8=48	7*8=56	8*8=64
1*9=9	2*9=18	3*9=27	4*9=36	5*9=45	6*9=54	7*9=63	8*9=72	9*9=81
```

- for i in range(1, 10)::一共需要打印9行，循环9次。
- for j in range(1, i+1)::通过观察发现，每一行都是打印1×到自己，又因为range()不包括结束，所以需要i+1。
- print( "%d×%d=%d"  %(j, i, i*j), end= "\t" ):j从1开始变化到i，输出的格式是j * i = i*j，等号左边是乘法的式子，而等号右边是乘积的结果值。

在上面的代码中，一个for循环里面又加了一个for循环，这种用法叫作循环的嵌套。这样通过for循环嵌套得到的乘法表是不是就和大家看到的乘法表一模一样了？快来亲自动手试试看吧！

## 5.3 第 25 课：找出偶数

有没有发现，数数字和9的乘法表两个程序中，数字的增长每次都是1，如果我想让它每次增长2呢？

下面来看这道题，打印出20以内的偶数。

这个程序要怎么编写呢？

首先来学习一下偶数，偶数是2的倍数，前后两个偶数相差为2，例如0、2、4都是偶数。

```
for num in range(0,20,2):
    print (num)
```

程序运行结果如下：

```
0
2
4
6
8
10
12
14
16
18
```

我们成功地打印出了20以内的偶数，用到了range()函数，但是这次range()函数有3个参数。第3个参数控制数字的增长值，因为偶数的前后两个数字相差为2，所以数字的增长值设置为2。

range()函数的第3个参数是不是很强大？如果觉得不够强大，我们用一个倒计时的魔法让你体会一下它的强大：从10倒数到1有没有办法实现呢？试试这个魔法：

```
for num in range(10,0,-1):
    print(num)
```

程序运行结果如下：

```
10
9
8
7
6
5
4
3
2
1
```

我们将range()函数的第3个参数设置为−1，可以控制数字的缩小值为−1，然后就可以倒着数数字了。怎么样？现在告诉我range()函数是不是很厉害。在Python中还有很多厉害的函数，后续会慢慢学习到。

需要注意的是，即使倒过来，结束值也是不包括最后的那个数字的。想要把0也打印出来，必须将结束值设置为−1。

代码
```
for num in range(10,-1,-1):
    print(num)
```

程序运行结果如下：

```
10
9
8
7
6
5
4
3
2
1
0
```

## 5.4 第26课：遍历字符串对象

在前面的例子中，我们遍历的对象都是数字。如果我们要遍历字符串对象，可以吗？当然可以了。

我有3个小伙伴，分别叫“聪聪果”“壮壮果”“美美果”，我要写出他们的名字。用程序要怎么写呢？

代码
```
print("我有三个好朋友，名字分别为：")
for name in ["聪聪果","壮壮果","美美果"]:
    print (name)
```

程序运行结果如下：

```
我有三个好朋友，名字分别为：
聪聪果
壮壮果
美美果
```

上述程序中，我们用for语句遍历了字符串列表**["聪聪果","壮壮果","美美果"]**，并打印在屏幕上。

我们不仅可以遍历字符串列表，也可以遍历字符串，如下所示：

代码

```
str= "我爱你，妈妈!"
for word in str:
    print (word)
```

程序运行结果如下：

我
爱
你
，
妈
妈
！

因为print是分行打印出来，遍历后，将横着的一句话变成竖着的了。

## 5.5 第 27 课：循环招式升级 while

学习了for循环，相信你对循环的“内功心法”已经掌握了。现在我们学习另外一种招式——while循环。它还有一个更形象的名字，叫作条件循环，在规定的条件内才会执行循环。

它的基本形式是这样的：

while条件判断：
    执行语句……

一起来看下面这幅图，你会了解得更清楚。只要条件判断表达式的结果值是True（真），就会一直执行，而条件判断表达式的结果值变成False（假），循环就结束了。

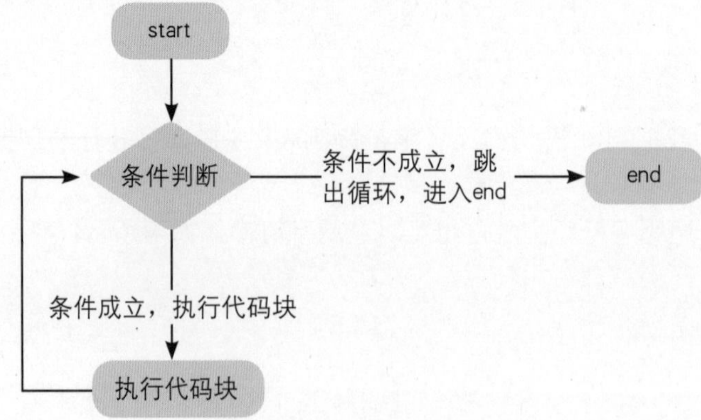

for循环更多的是控制次数，while循环控制的是条件，如果条件成立，就继续循环，否则不再进行循环。

现在使用while循环判断是否上学。

条件是："今天是工作日。"

周一：今天是周一，是工作日，条件成立，继续上学。
周二：今天是周二，是工作日，条件成立，继续上学。
周三：今天是周三，是工作日，条件成立，继续上学。
周四：今天是周四，是工作日，条件成立，继续上学。
周五：今天是周五，是工作日，条件成立，继续上学。
周六、周日：今天是周末，不是工作日，条件不成立，不上学。

从周一循环到周五都要上学，直到遇到了周末才不用上学。

条件循环语句的执行流程如下：

条件判断表达式求值，当结果值为True（真）时，执行语句（可以是一条语句，或者语句块），执行完语句块，重新对条件判断表达式求值。直到条件判断表达式的值为False（假），则终止循环。

### 1．1+2+3+4+5+6+…+100 等于多少

你知道1+2+3+4+5+6+…+100等于多少吗？我们通过while循环语句来计算1+2+3+4+5+6+…+100的值。

下面我们来学习怎么用**while循环**计算1~100的和，我们需要用到两个变量total和count来完成这个任务，total将不断地累加，count不断地增加1。

代码

```
count = 0
total = 0
while(count <= 100):
    total = total + count
    count = count+1
print("1+2+3+4+…+100 = %d" % total)
```

程序运行结果如下：

```
1+2+3+4+…+100=5050
```

下面来看while条件循环的代码解释：

```
count = 0
total = 0
#以count <= 100作为条件判断表达式，当其结果值为True时，执行后续的代码块
while(count <= 100):
    total = total + count    #进行求和计算
    count = count+1          #对count执行+1的操作
#当count=101时，对应的条件判断表达式的结果值为False，因而终止条件循环，调回主程序，打印结果为5050
print("1+2+3+4+…+100 = %d" % total)
```

**2．石头剪刀布**

石头剪刀布这个游戏大家都玩过，游戏规则特别简单，两个人猜拳，可以出石头、剪刀、布中的任意一个，石头可以对付剪刀，布可以包裹石头，剪刀将布剪坏。它们真是一物降一物。

我们写一个程序和计算机玩猜拳游戏，当玩家赢了时，继续游戏；当计算机赢了时，游戏终止。需要使用while循环。

**1** 设置计算机的3种手势。

```
num = random.randint(1, 3)    #随机出一种手势，用1、2、3表示剪刀、石头或者布
    if num == 1:              #数字1表示出的是石头手势
        finger = "石头"
    elif num == 2:            #数字2表示出的是剪刀手势
        finger = "剪刀"
    elif num == 3:            #数字3表示出的是布手势
        finger = "布"
```

2 设置玩家手势。

```
text = input("输入 石头、剪刀、布:")
```

3 判断玩家的手势是不是剪刀、石头、布，你不能随便给一个手势，这样计算机可不认识，不认识时是要提醒你的。

代码

```
blist = ["石头", "剪刀", "布"]              #创建一个手势列表
    if (text not in blist):  #如果你出的手势不在手势列表中，则说明不
                              是剪刀、石头、布
        print ("输入错误，请重新输入！")    #提醒你输入错误，重新输入
```

4 判断计算机和玩家谁赢谁输。

代码

```
if (text not in blist): #text是玩家的手势，finger是计算机的手势
    print ("输入错误，请重新输入！")
elif text == finger: #如果玩家的手势和计算机的手势一样，则是平局
    print ("计算机出了:%s，平局！" % finger)
elif (text == '剪刀' and finger =='布') or (text == '石头' and
finger =='剪刀') or (text == '布' and finger =='石头'):
#判断玩家赢有3种情况
#计算机是布，玩家是剪刀，玩家赢
#计算机是剪刀，玩家是石头，玩家赢
#计算机是石头，玩家是布，玩家赢
    print ("计算机出了:%s，你赢了！"  % finger)
else:
    print ("计算机出了:%s，你输了！" % finger )
#因为这个游戏只有3种情况：一种是平局，一种是玩家赢，还有一种是计算机
赢，排除上面两种情况，就是最后一种情况，所以用else
```

将代码组合成一个完整的程序。

代码

```
import random
#标识计算机是否赢了，False为输了，True为赢了
isWin = False;
while not isWin:
    num = random.randint(1, 3)
    if num == 1:
        finger = "石头"
    elif num == 2:
        finger = "剪刀"
    elif num == 3:
        finger = "布"
    text = input('输入 石头、剪刀、布:')
    blist = ["石头", "剪刀", "布"]
    if (text not in blist):
        print ("输入错误，请重新输入！")
    elif text == finger :
        print ("计算机出了:%s, 平局！" % finger)
    elif (text == '剪刀' and finger =='布')  or (text == '石头' and 
finger =='剪刀') or (text == '布' and finger =='石头'):
        print ("计算机出了:%s, 你赢了！"  % finger)
    else:
        print ("计算机出了:%s, 你输了！" % finger )
        isWin = True
```

程序运行结果如下：

**输入、石头、剪刀、布：石头**
**计算机出了：剪刀，你赢了！**
**输入石头、剪刀、布：布**
**计算机出了：剪刀，你输了！**

在上面的程序中，我们设置了一个变量isWin来标识计算机是否赢了。当计算机赢了时，游戏退出。while后面的条件判断表达式为not isWin，意思是：计算机没有赢。只要计算机没有赢，while循环的条件判断表达式的结果就是True，就会继续执行循环中的语句，玩家就可以继续游戏。

计算机会随机生成一个数字并赋值给变量num，代表计算机出的手势，用变量text接收玩家的手势。

按照我们制定的游戏规则，如果玩家赢了或者平局，此时while后面的条件判断**not isWin**为True，则继续执行代码块，继续游戏；如果计算机赢了，则将isWin设置为True，此时while后面的条件判断**not isWin**的结果值为False，退出游戏。具体的逻辑我们绘制成了一幅图，你也可以尝试绘制一下。

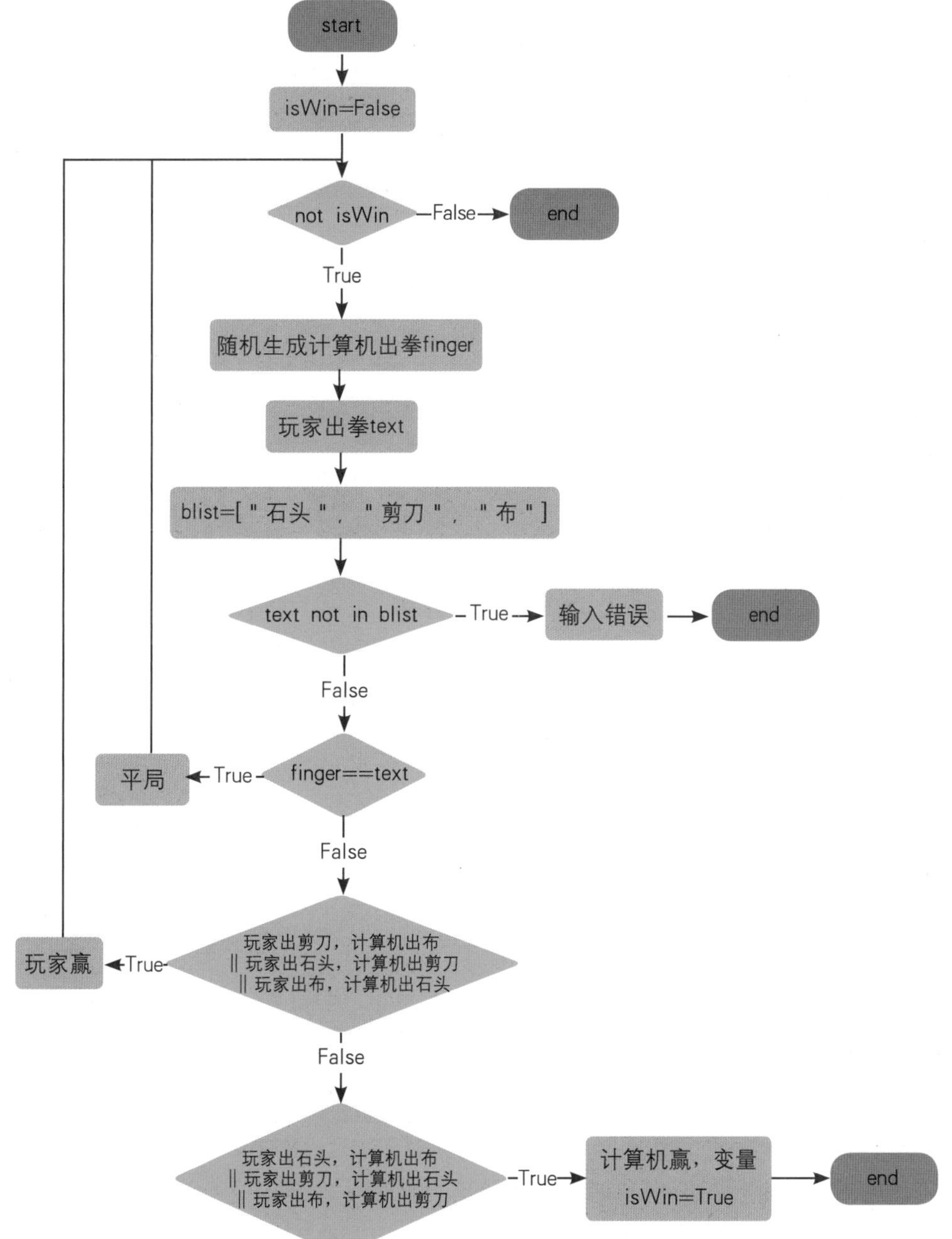

## 5.6 第 28 课：可怕的无限循环

在学习循环的过程中，经常遇到一个可怕的问题——无限循环。什么叫无限循环呢？就是条件一直成立，一直执行下去，无法终止程序。一起看一个例子。

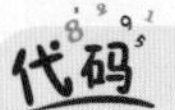

```
condition=True              #创建condition变量，并赋值True（真）
while condition:            #条件判断表达式的结果值一直为True，一直执行代码块
    print("我最棒！")        #打印“我最棒！”
```

程序执行结果如下：

我最棒！
我最棒！
我最棒！
我最棒！
我最棒！
我最棒！
我最棒！
我最棒！
我最棒！
我最棒！
我最棒！
我最棒！
我最棒！
…

在上述程序中，程序第一句定义了condition变量，并将True赋给该变量。while后面的条件判断condition一直为True，所以一直会执行后面的程序块，屏幕上会不断打印“我最棒”，不会停止，直到强行退出该程序的执行窗口。这就是无限循环。在写循环的时候，我们需要多多思考，考虑我们的程序是不是会进入无限循环。

## 5.7 第 29 课：跳出循环

如果我们想在循环中间跳出循环，怎么办呢？Python提供了两个关键字：break和continue。接下来带大家认识一下这两个关键字。

### 1. continue

continue关键字的功能是用来跳出当前循环，在for循环和while循环中，有很多次循环，当不需要执行循环中的内容时，跳出当前循环，继续下一轮循环，我们可以用continue关键字。例如：

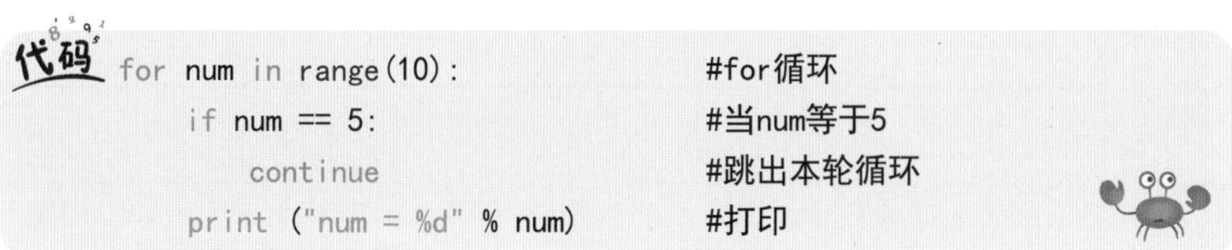

```
for num in range(10):              #for循环
    if num == 5:                   #当num等于5
        continue                   #跳出本轮循环
    print ("num = %d" % num)       #打印
```

刚刚学习了continue关键字的用法，想想上面程序的输出值会是什么呢？

程序运行结果如下：

```
num=0
num=1
num=2
num=3
num=4
num=6
num=7
num=8
num=9
```

在上述程序中，我们使用了continue关键字，当条件判断num == 5的结果值为True时，continue跳出当前循环，不执行后面的代码：print ("num = %d" % num)，所以num =5没有打印在屏幕上。跳出当前循环之后，程序继续之后的循环，所以num=6、num=7、num=8、num=9都被打印在屏幕上。

### 2. break

break关键字的功能是用来跳出整个循环。为了对比continue关键字和break关键字的差异，我们用相同的程序来看不同的输出值。

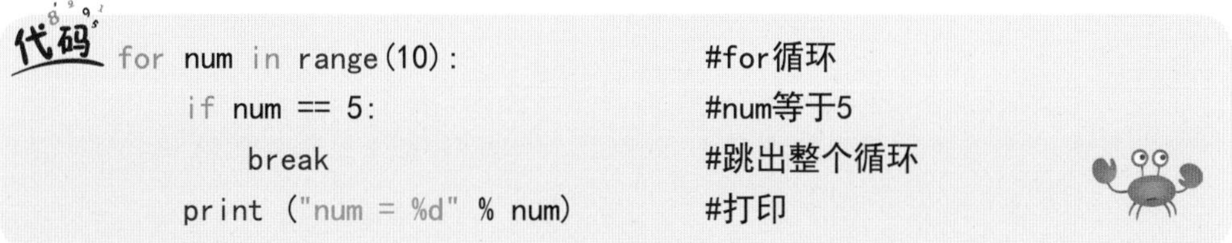

```
for num in range(10):              #for循环
    if num == 5:                   #num等于5
        break                      #跳出整个循环
    print ("num = %d" % num)       #打印
```

程序执行结果如下：

```
num=0
num=1
num=2
```

```
num=3
num=4
```

在上述程序中，我们使用了break关键字，当条件判断表达式num == 5的值为True时，break跳出了整个循环，不执行后面的代码：print ( " num = %d "  % num)，所以num ==5没有输出在屏幕上。因为break是跳出整个循环，所以num=6、num=7、num=8、num=9也没有输出在屏幕上。

## 5.8 温故而知新

（1）for循环的基本结构为：for item in iterable，可以用来遍历一个对象。

（2）学习了使用for循环遍历列表。

（3）学习了在循环中使用range()函数。

（4）学习了如何在range()函数中设置增加值和缩小值。

（5）学习了for循环遍历字符串。

（6）while循环也称为条件循环，即在符合条件的情况下，执行某段程序，基本结构如下：

```
while条件判断：
    执行语句……
```

（7）continue关键字的功能是用来跳出本轮循环。

（8）break关键字的功能是跳出整个循环。

## 5.9 循环大测试

（1）用for循环计算1+3+5+7+…+99的值。

（2）用for循环打印出1~100的所有偶数。

（3）用for循环遍历"dream"，打印其中所有的字母。

（4）猜数字游戏：计算机随机出一个数字，如果猜对了，则跳出循环；否则，一直猜。使用while循环来实现。

（5）在一次考试中，老师把所有成绩存入了一个列表，列表为[65,75,78,98,56,90,45,59,88,87]，使用continue打印出不及格的成绩。

（6）使用break从列表[45,67,34,56,48,90,300,233,566]中找出一个大于200的数字。

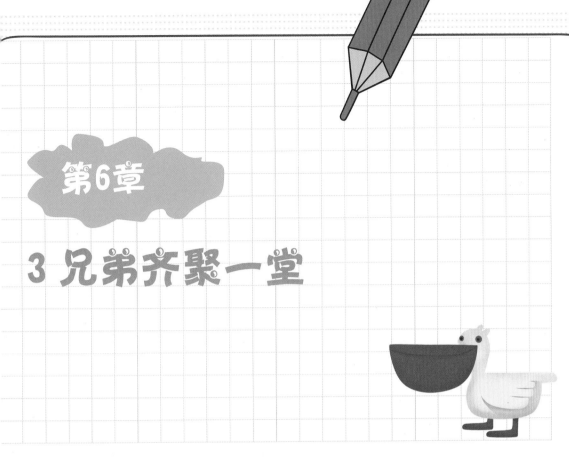

# 第6章

# 3 兄弟齐聚一堂

之前我们学习过数字和字符串。但是有的时候数字和字符串不能满足我们的要求，需要用到列表、元组和字典。

列表我认识，但是其他两个是什么呢？

## 6.1 第 30 课：我的藏书阁

什么是列表呢？藏书清单就可以看作一个列表[史记、孙子兵法、大百科、四大名著、山海经]。有了这份清单，我就能非常清楚地知道我的藏书情况。

在程序中是这样写的。

创建一个列表books存放["史记","孙子兵法","大百科","四大名著","山海经"]。

用Python程序来表示藏书清单，代码如下：

```
books = ["史记","孙子兵法","大百科","四大名著","山海经"]
#创建图书列表
print("我的藏书阁有：")
print(books)                    #将图书清单打印出来
```

程序运行结果如下：

```
我的藏书阁有：
['史记', '孙子兵法', '大百科', '四大名著', '山海经']
```

在上述程序代码中，books = ["史记", "孙子兵法", "大百科", "四大名著", "山海经"]是关键。

1. 创建一个列表对象["史记", "孙子兵法", "大百科", "四大名著", "山海经"]。
2. 创建变量books。
3. 将books作为列表对象的标签指向["史记", "孙子兵法", "大百科", "四大名著", "山海经"]。
4. 使用print()函数将books列表打印出来。

"史记"，"孙子兵法"，"大百科"，"四大名著"，"山海经"都是列表中的元素。

列表的每个元素都分配了一个数字，代表元素在列表中的位置，叫作索引。**第一个索引是0**，**第二个索引是1**，以此类推。

```
['史记', '孙子兵法', '大百科', '四大名著', '山海经']
   ↓        ↓          ↓         ↓          ↓
   0        1          2         3          4
```

# 6.2 第31课：我有新书了

刚刚收获了一本新书《上下五千年》，怎么加进去呢？

想往books清单中加入新书，跟着我来掌握添加小技能吧。

## 1. append()

Python给我们提供了append()函数，它可以帮助我们在列表的最后添加新元素，让我们来认识这神奇的append()函数吧。

试一把你就会啦！

```
books = ["史记","孙子兵法","大百科","四大名著","山海经"]

books.append("上下五千年")   #将新书加入列表

print("我的藏书阁有：")
print(books)
```

程序运行结果如下：

```
我的藏书阁有：
['史记', '孙子兵法', '大百科', '四大名著', '山海经', '上下五千年']
```

通过append()函数的帮助，我们已经在藏书列表的最后添加了“上下五千年”元素。

append()函数是在列表的末尾添加元素的，但是要在**指定**的位置添加元素，append()函数可做不到。需要邀请它的小伙伴来帮忙。如果想在列表的中间插入元素，要怎么做呢？

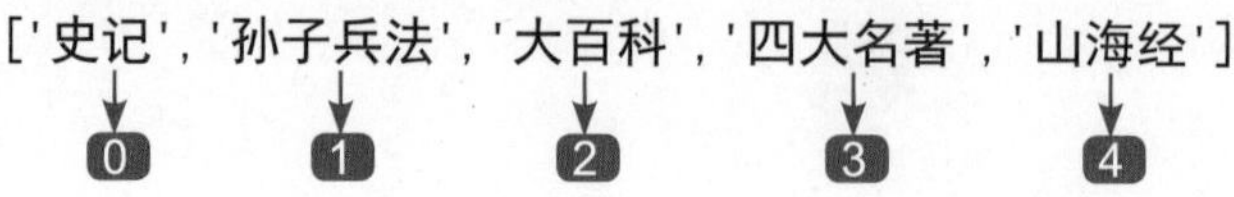


## 2. insert()

它的小伙伴insert()函数可以帮助我们在列表指定的位置添加元素。先数一数“大百科”后面的索引是多少。

['史记', '孙子兵法', '大百科', '四大名著', '山海经']

0 1 2 3 4

books列表“大百科”后面的索引是3，也就是说，“上下五千年”现在要放到“四大名著”的位置上，而“四大名著”和“山海经”都要往后退一步。

一起来看insert()函数的使用方法吧。

insert()函数在指定位置添加元素，语法是这样的：

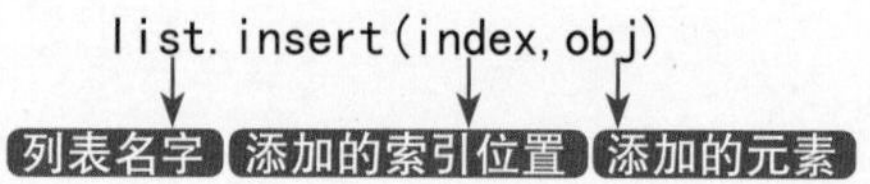

insert()不错，很多时候列表中的项目也是有顺序的，不能总添加在后面。


我们要把“上下五千年”插入索引3的位置，可以写成：

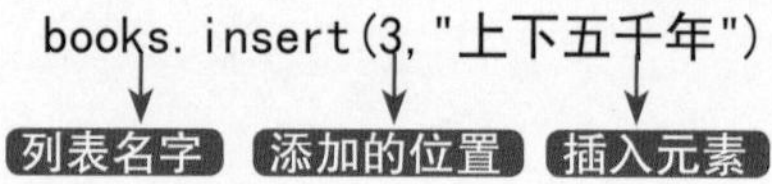


试试看，检验一下我们的学习成果。

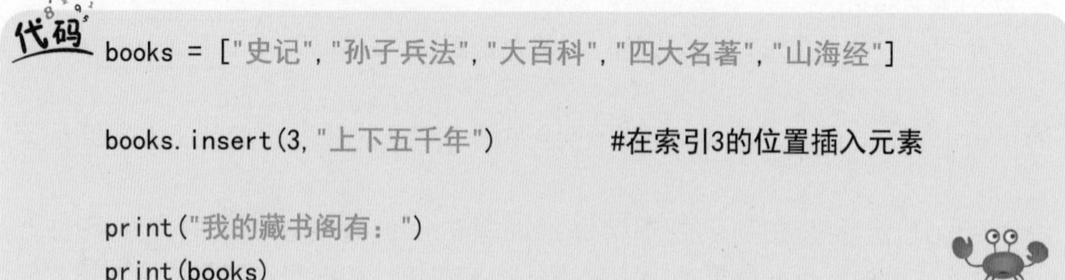

```
books = ["史记", "孙子兵法", "大百科", "四大名著", "山海经"]

books.insert(3, "上下五千年")          #在索引3的位置插入元素

print("我的藏书阁有：")
print(books)
```

程序运行结果如下：

我的藏书阁有：

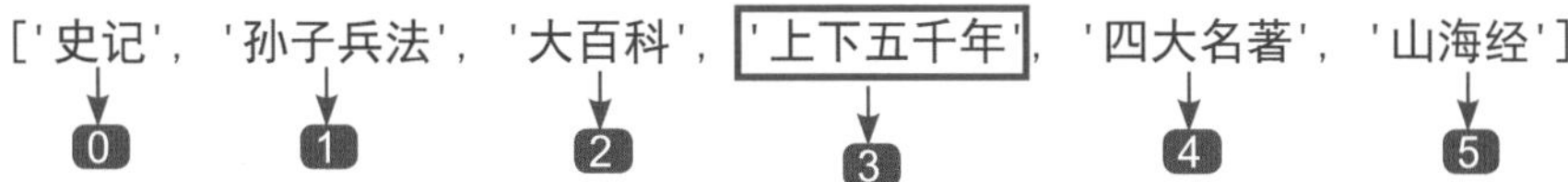


我们将“上下五千年”成功插入了索引3的位置。

邻居说想和我共建藏书阁，他把藏书也给了我。

收获邻居3本藏书：《昆虫记》《自然简史》《中国地理》，使用append()或者insert()函数帮助完成藏书阁的合并吧。

1. append()

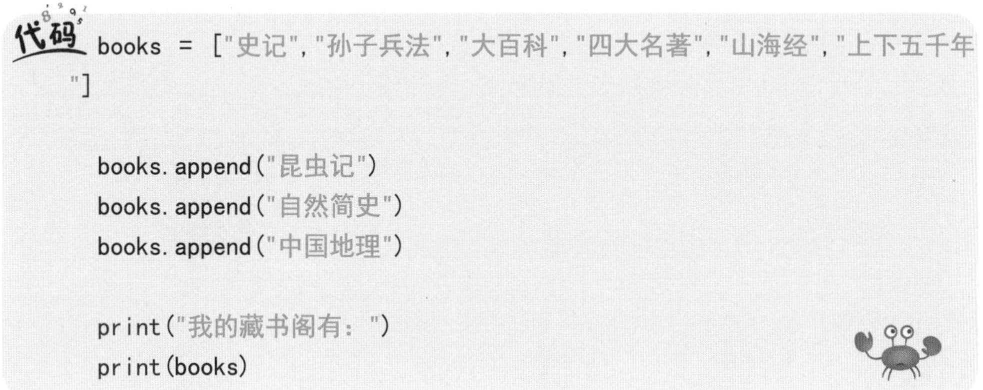

代码

```
books = ["史记","孙子兵法","大百科","四大名著","山海经","上下五千年
"]

books.append("昆虫记")
books.append("自然简史")
books.append("中国地理")

print("我的藏书阁有：")
print(books)
```

程序运行结果如下：

我的藏书阁有：
['史记', '孙子兵法', '大百科', '四大名著', '山海经', '上下五千年', '昆虫记', '自然简史', '中国地理']

## 2. insert()

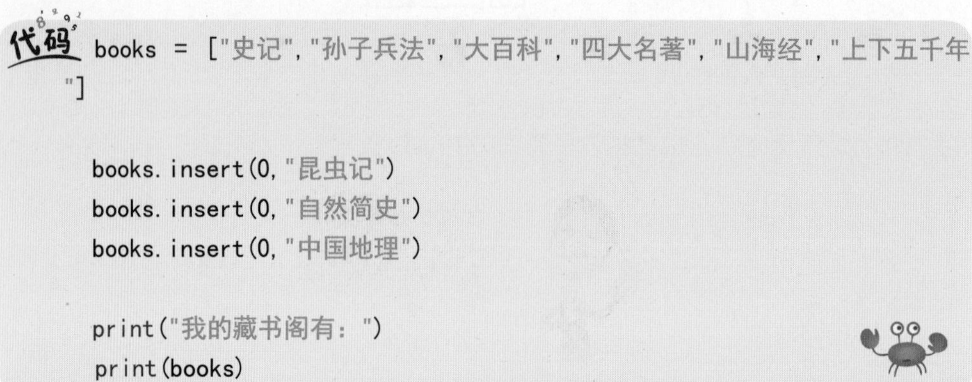

代码

```
books = ["史记","孙子兵法","大百科","四大名著","山海经","上下五千年"]

books.insert(0,"昆虫记")
books.insert(0,"自然简史")
books.insert(0,"中国地理")

print("我的藏书阁有：")
print(books)
```

程序运行结果如下：

```
我的藏书阁有：
['中国地理', '自然简史', '昆虫记', '史记', '孙子兵法', '大百科', '四大名著', '山海经', '上下五千年']
```

但是太复杂了，要添加很多次。

还记得字符串的拼接吗？列表也是可以拼接的哟。

想到之前我们用+将两个字符串连接起来了，那是否可以用+将两个列表连接起来呢？

二话不说，先试试吧。

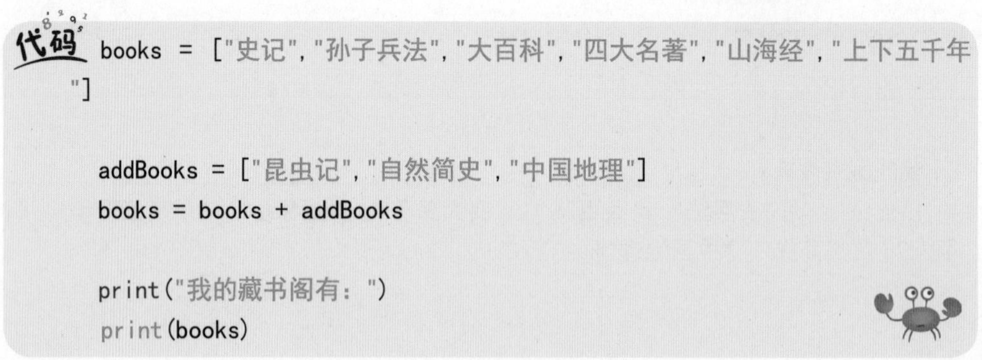

代码

```
books = ["史记","孙子兵法","大百科","四大名著","山海经","上下五千年"]

addBooks = ["昆虫记","自然简史","中国地理"]
books = books + addBooks

print("我的藏书阁有：")
print(books)
```

程序运行结果如下：

我的藏书阁有：
['史记', '孙子兵法', '大百科', '四大名著', '山海经', '上下五千年', '昆虫记', '自然简史', '中国地理']

程序运行结果显示，+将两个列表连接起来了。

## 6.3 第 32 课：找出我要的图书

列表的元素都分配了一个数字，代表它们的位置或索引，就像在电影院通过座位号找座位一样。

如果我的藏书阁已经有图书馆那么大，存放了上千上万本图书，没有索引找书就会很困难。

从藏书阁中快速找出《山海经》，看看Python是怎么找的吧。

**1** 判断我的藏书阁里有没有《山海经》，Python中使用关键字in来操作。

代码

```
books = ["史记","孙子兵法","大百科","四大名著","山海经","上下五千年","昆虫记","自然简史","中国地理"]
bookName = input("输入要查找的图书：")
if(bookName in books):
    print("我的藏书阁里有。")
else:
    print("我的藏书阁里没有。")
```

程序运行结果如下：

输入要查找的图书：山海经
我的藏书阁里有。

用in关键字知道了《山海经》在藏书阁中。

**2** 找到《山海经》在藏书阁的位置。

想要知道《山海经》的索引，要怎么做呢？可以通过index()方法获取元素在列表中的索引。

代码

```
books = ["史记","孙子兵法","大百科","四大名著","山海经","上下五千年","昆虫记","自然简史","中国地理"]
bookName = input("输入要查找的图书：")
if(bookName in books):
    index = books.index(bookName)
    print("我的藏书阁里有。索引是：" + str(index)
else:
    print("我的藏书阁里没有。")
```

程序运行结果如下：

```
输入要查找的图书：山海经
我的藏书阁里有。索引是：4
```

通过**books.index(bookName)**轻松地获取到了《山海经》索引，根据索引位置去藏书阁取书吧。

**3** 通过索引取出图书，需要使用**列表名[index]**。**列表名[index]**用于获取列表第**index**个索引的元素的值。

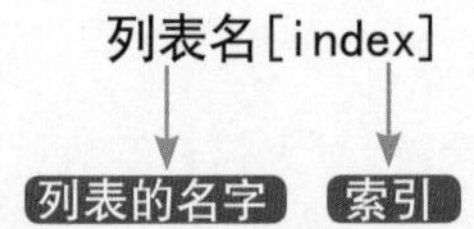


所以要获取索引4的元素就很简单了，通过**books[4]**就可以获取。

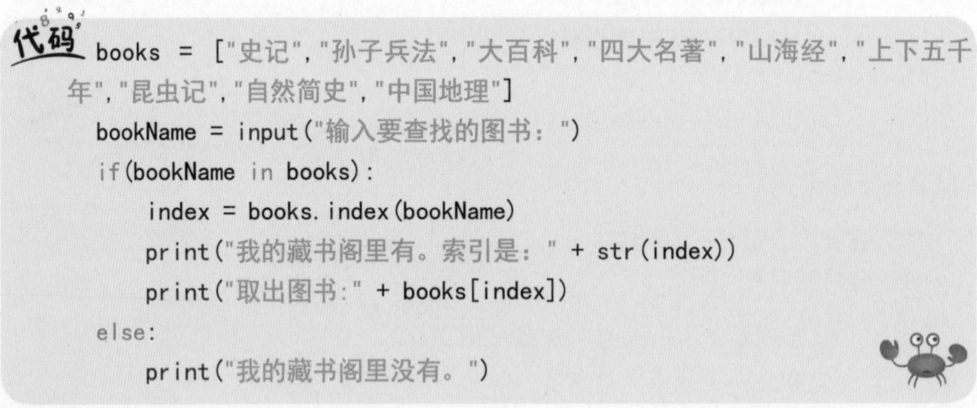

代码

```
books = ["史记","孙子兵法","大百科","四大名著","山海经","上下五千年","昆虫记","自然简史","中国地理"]
bookName = input("输入要查找的图书：")
if(bookName in books):
    index = books.index(bookName)
    print("我的藏书阁里有。索引是：" + str(index))
    print("取出图书:" + books[index])
else:
    print("我的藏书阁里没有。")
```

程序运行结果如下：

```
输入要查找的图书：山海经
我的藏书阁里有。索引是：4
取出图书:山海经
```

## 6.4 第 33 课：图书换新

藏书阁有些书已经非常破旧了，需要更换几本新书让旧书压箱底。

现在要把索引2的《**大百科**》换成《**新大百科**》，我们可以通过**books[2]**获取索引2的内容，然后将它替换成《**新大百科**》，是不是很简单？

还记得赋值吗？代码奉上，你要自学哟。

代码

```
books = ["史记","孙子兵法","大百科","四大名著","山海经","上下五千年"]
books[2] = "新大百科"
print(books)
```

程序运行结果如下：

```
['史记', '孙子兵法', '新大百科', '四大名著', '山海经', '上下五千年']
```

**探索思路**

我们需要换掉的是《大百科》，《大百科》在列表中的索引是2，用代码表示是**books[2]**。

看到它让我想起了变量，一开始fox="乎乎"，后面fox="灰灰"。

这样操作后，fox变成了“灰灰”。

那么**books[2]**是不是也可以这么理解，让它指向“新大百科”，就改变了呢。

**books[2] = "新大百科"**。

**提醒**

索引不能超过列表范围哟，['史记', '孙子兵法', '新大百科', '四大名著', '山海经', '上下五千年']，'上下五千年'是列表的最后一个元素，它的索引是5。

books[6]就不知道是什么了，因为'上下五千年'后面没有其他元素了。

修改不存在的索引元素会引发错误。

## 6.5 第 34 课：这里有本需要丢掉的书

藏书阁中的《孙子兵法》被水泡了，彻底不能看了。

太可惜，只能丢掉了。

### 1. remove()

Python提供了remove()函数来帮助我们删除指定的元素，只需要把想要删除的元素告诉remove()函数，它就能帮我们从列表中删除。

使用remove()函数将“孙子兵法”从列表中删除吧。

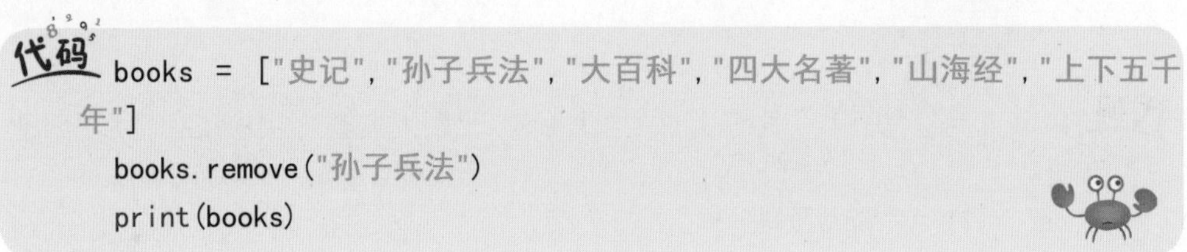

代码

```
books = ["史记","孙子兵法","大百科","四大名著","山海经","上下五千年"]
books.remove("孙子兵法")
print(books)
```

程序运行结果如下：

['史记', '大百科', '四大名著', '山海经', '上下五千年']

remove()函数用来删除首个符合条件的元素，根据值来删除。如果列表中有两个相同的值，remove()只会删除第一个符合条件的元素。

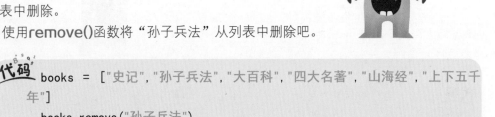

['史记','孙子兵法','大百科','四大名著','孙子兵法','山海经','上下五千年']

### 2. pop()

remove()是按照元素来删除的，如果我们要按照索引来删除，要怎么做呢？我们可以用pop()函数。这样就可以删除后面那本《孙子兵法》了，并且pop()函数会返回我们删除的值。

接下来，我们使用pop()函数来删除列表：['史记','孙子兵法','大百科','四大名著','孙子兵法','山海经','上下五千年']中的第二个“孙子兵法”索引是4，使用pop(4)来删除。

通过books.pop()，我们还能获取到删除的是什么。

代码
```
books = ['史记','孙子兵法','大百科','四大名著','孙子兵法','山海经',
'上下五千年']
removeValue = books.pop(4)
print("删除了："+removeValue)
print(books)
```

程序运行结果如下：

```
删除了：孙子兵法
['史记', '孙子兵法', '大百科', '四大名著', '山海经', '上下五千年']
```

对比看看删除的是哪个“孙子兵法”？

### 3. del

需要删除指定索引的元素，还可以使用del进行删除。

代码
```
books = ["史记","孙子兵法","大百科","四大名著","孙子兵法","山海经",
"上下五千年"]
del books[4]
print(books)
```

程序运行结果如下：

```
['史记', '孙子兵法', '大百科', '四大名著', '山海经', '上下五千年']
```

**提醒**

注意用法哟，del是这样的：del list[索引]，remove()是这样的：list.remove(元素)，pop()是这样的：list.pop(索引)。

除此之外，del还有一个更加强大的功能，可以删除指定范围内的元素。例如，购物清单['牛奶','面包','苹果', '香蕉','薯条','可乐','果汁']要删除索引2~4的元素，可以通过del来实现。

```
shopping_list = ['牛奶','面包','苹果','香蕉','薯条','可乐','果汁']
del shopping_list[2:5]
print(shopping_list)
```

程序运行结果如下：

['牛奶','面包','可乐','果汁']

**提醒**

凡是有索引的函数，一定要认真思考索引的具体数值，以免超出索引范围。

## 6.6 第 35 课：找出成绩前 3 名的同学

我们已经掌握了获取指定位置的单个元素，如果要获取连续的元素，要怎么做呢？

从成绩排名表中，把前3名同学的名字打印出来。

["聪聪果","壮壮果","美美果","奇异果","憨憨果"]

```
nameList = ["聪聪果","壮壮果","美美果","奇异果","憨憨果"]
print(nameList[0])
print(nameList[1])
print(nameList[2])
```

在Python中，我们还可以通过**列表[开始索引:结束索引]**来获取**开始索引**到**结束索引-1**的元素。

下面来实践一下。

```
nameList = ["聪聪果","壮壮果","美美果","奇异果","憨憨果"]
print(nameList[0:3])
```

程序运行结果如下：

```
['聪聪果', '壮壮果', '美美果']
```

通过nameList [0:3]获取到了成绩名单中索引0到索引2的元素，并打印出来。

我们要获取的是索引0、索引1、索引2的元素，前3名。

["聪聪果","壮壮果","美美果","奇异果","憨憨果"]

获取索引 0、索引 1、索引 2 的内容

nameList [0:3]结束索引需要往后写一位。虽然只获取到了索引2，但是代码却写到了索引3。

当起始索引为0的时候，也可以省略0，采用简略的写法进行编码nameList [:3]。

从列表中获取连续元素的操作叫作切片。

## 6.7 第 36 课：遍历列表

如果想要把藏书阁中的元素都打印出来进行核对，怎么办呢？这就可以用到我们之前学过的循环，还记得吗？

使用for循环来遍历藏书阁，逐一检查，查缺补漏。

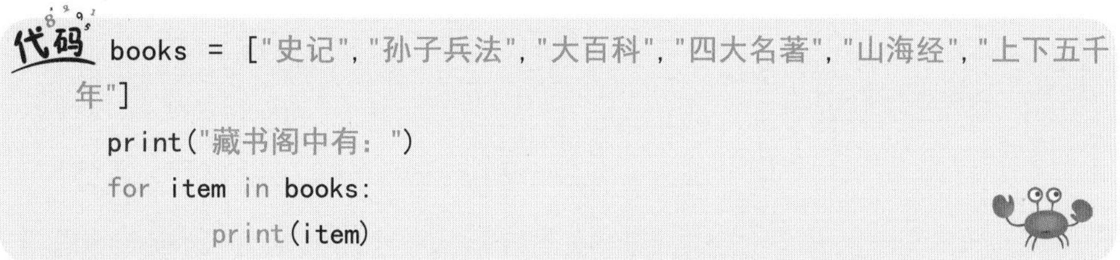

```
books = ["史记","孙子兵法","大百科","四大名著","山海经","上下五千年"]
print("藏书阁中有：")
for item in books:
    print(item)
```

程序运行结果如下：

```
藏书阁中有：
史记
孙子兵法
大百科
```

四大名著
山海经
上下五千年

1 程序中，定义了一个列表["史记","孙子兵法","大百科","四大名著","山海经","上下五千年"]，并且命名为books。

2 通过for item in books:循环遍历列表中的元素，这样可以操作列表中的单个元素。

## 6.8 第 37 课：给精灵排座位

给精灵按照高矮排座位，别让高个子挡住了矮个子。精灵的身高分别是36、56、89、43、26、28、12，单位是厘米！

在Python的列表中不用那么复杂，它有内置函数可以快速帮助我们完成排序任务。把这组数字放入列表nums中，排序后输出一个全新顺序的列表nums。我们可以用列表的内置方法sort()对列表中的元素进行排序。

sort()默认是升序，从小到大。

代码

```
nums = [36,56,89,43,26,28,12]
nums.sort()
print("排序后的身高列表：")
print(nums)
```

程序运行结果如下：

```
排序后的身高列表：
[12, 26, 28, 36, 43, 56, 89]
```

上述程序通过sort()对数字列表进行了升序排序。

如果需要对数字列表进行降序排序，从大到小，需要怎么做呢？sort()方法可以设置一个参数，即reverse = True/False，表示按照降序还是升序对元素进行排序。

接下来，通过设置该参数对数字列表中的元素进行降序排序。

代码

```
nums = [36,56,89,43,26,28,12]
nums.sort(reverse = True)
print("降序后的身高列表：")
print(nums)
```

程序运行结果如下：

```
降序后的身高列表：
[89, 56, 43, 36, 28, 26, 12]
```

设置reverse = True对数字列表中的元素进行降序排序，我们尝试一下reverse = False的效果，应该是将数字列表中的元素按照升序排序。

对比探索

升序、降序傻傻分不清楚。

升序，从小到大，nums.sort(reverse = False)。

降序，从大到小，nums.sort(reverse = True)。

## 6.9 第 38 课：元组是只读的

元组（Tuple）称为可读列表，里面的元素只可以被查询，不能被修改。所以元组一旦创建就不可变了，但是列表是可变的，我们可以对列表中的元素进行修改、删除等操作，但是不能对元组中的元素进行修改、删除等操作。

如果用元组来创建清单，一定不能丢三落四，因为它无法修改哟。

我知道了，列表里的元素可以变化，但是元组中的元素不可以变化。

元组的创建方式是在小括号中添加元素，并且用逗号（英文格式的逗号）分隔。例如，浙江有多少个市，我们可以为其创建元组，即**city = ("杭州市","湖州市","嘉兴市","金华市","丽水市","宁波市","衢州市","绍兴市","台州市","温州市","舟山市")**。

列表使用中括号"[]"，元组使用是小括号"()"。

列表的**读取操作**都适用于元组，但是**添加元素**、**修改元素**、**删除元素**以及**排序**都不适用于元组。

记住哦，元组只能看，不能动。

## 6.10 第39课：字典的强大

拿着采购单，我已经将所有的商品都采购好了。超市里有那么多的商品，你猜服务员是怎么记住它们的价格的？

对的，她们都是扫码的，那是因为商品上面都有条码，条码里有对应商品的价格，一件商品对应一个价格。所以只需要扫码就能知道商品的价格了。

巧克力：16元。
可乐：5元。
面包：18元。

在Python中，通过**字典**来表示对应的关系。字典由**键-值对**组成，超市中的商品叫作**键（key）**，对应的价格叫作**值(value)**。

| 键（key） | 值（value） |
|---|---|
| 巧克力 | 16 |
| 可乐 | 5 |

面包　　　　　18
雪碧　　　　　5
棒棒糖　　　　3

运用字典，我们制作一个智能商品管理系统吧。

**1** 创建商品库，字典用{}。

```
commodities = {"巧克力":16,"可乐":5,"面包":18,"雪碧":5,"棒棒糖":3}
print(commodities)
```

运行程序输出商品库：

```
{'巧克力': 16, '可乐': 5, '面包': 18, '雪碧': 5, '棒棒糖': 3}
```

这就创建了一个字典，商品名是**key**，商品价格是value。

思考一个问题，可以将**key**设置为商品价格，value设置为商品名称吗，能否调换一下？

我也不知道，输入代码，试试看输出是什么。

```
commodities = {16:"巧克力",5:"可乐",18:"面包",5:"雪碧",3:"棒棒糖"}
print(commodities)
```

程序运行结果如下：

```
{16: '巧克力', 5: '雪碧', 18: '面包', 3: '棒棒糖'}
```

再看看商品，如果是这样，会出现什么状况？当有两件商品的价格是一样的时候，字典就会混乱了。

| 键（key） | 值（value） |
|---|---|
| 16元 | 巧克力 |
| 5元 | 可乐 |
| 18元 | 面包 |
| 5元 | 雪碧 |
| 3元 | 棒棒糖 |

字典如何设置key和value是很有讲究的，通常我们通过商品名寻找它的价格。key不能冲突哟！

### 6.10.1 添加新商品

最近进货了一批6元一包的薯条，需要将它添加进系统。

代码

```
commodities = {"巧克力":16,"可乐":5,"面包":18,"雪碧":5,"棒棒糖":3}
commodities["薯条"] = 6        #添加薯条，设置价格为6
print(commodities)
```

程序运行结果如下：

```
{'巧克力': 16, '可乐': 5, '面包': 18, '雪碧': 5, '棒棒糖': 3, '薯条': 6}
```

通过commodities["薯条"] = 6就把薯条加入了商品库中。和列表不同，字典添加元素需要指定key和value。

### 6.10.2 查询棒棒糖的价格

商品库已经建立好了，现在想要从商品库字典中查询棒棒糖的价格，要怎么做呢？

代码

```
commodities = {"巧克力":16,"可乐":5,"面包":18,"雪碧":5,"棒棒糖":3}
print("棒棒糖的价格是"+str(commodities["棒棒糖"])+"元")
```

程序运行结果如下：

```
棒棒糖的价格是3元
```

上述程序中，通过commodities["棒棒糖"]获取到了棒棒糖的价格。

在字典中，我们只能通过key查找对应的value，也就是为什么在设置key和value的时候要讲究顺序。

### 6.10.3 可乐涨价了

可乐升级成了无糖可乐，价格上涨，现在售卖8元一瓶，需要对商品库中的价格进行调整。

字典是可以修改的，但是怎么修改呢？

相信看看代码你就会啦。

```
commodities = {"巧克力":16, "可乐":5, "面包":18, "雪碧":5, "棒棒糖":3}
commodities["可乐"] = 8                #修改可乐的价格
print(commodities)
```

程序运行结果如下：

```
{'巧克力': 16, '可乐': 8, '面包': 18, '雪碧': 5, '棒棒糖': 3}
```

通过**commodities["可乐"] = 8**将可乐的价格由5元修改为8元，字典的修改操作是根据**key**来进行修改的，同一个**key**只能对应一个值。

### 6.10.4 面包过期了

面包过期了，需要从商品库中删除，我们可以用**del**进行删除。

```
commodities = {"巧克力":16, "可乐":8, "面包":18, "雪碧":5, "棒棒糖":3}
del commodities["面包"]
print(commodities)
```

程序运行结果如下：

```
{'巧克力': 16, '可乐': 8, '雪碧': 5, '棒棒糖': 3}
```

删除了，新面包来了还可以添加回来哟。

### 6.10.5 商品盘点

我们已经学习过用**for**循环遍历列表中的元素，是不是可以用同样的方法来遍历字典中的元素呢？

```
commodities = {"巧克力":16,"可乐":8,"面包":18,"雪碧":5,"棒棒糖":3}
for c in commodities:
print(c)
```

程序运行结果如下：

巧克力
可乐
面包
雪碧
棒棒糖

for c in commodities:只打印出来了key，value呢？

试试for c in commodities.items():。

程序运行结果如下：

('巧克力', 16)
('可乐', 8)
('面包', 18)
('雪碧', 5)
('棒棒糖', 3)

遍历了key值和元素，我们都会了，那遍历value呢？

将items换成values？试试看。

```
commodities = {"巧克力":16,"可乐":8,"面包":18,"雪碧":5,"棒棒糖":3}
for c in commodities.values():
    print(c)
```

程序运行结果如下：

```
16
8
18
5
3
```

哈哈，还真行。通过for c in commodities.values():我们遍历了所有的value。

**对比总结**

只遍历key：for c in commodities 或者 for c in commodities.keys()。

遍历字典元素key 和 value：for c in commodities.items()。

只遍历value：for c in commodities. values()。

## 6.11 课后小结

- 列表。

（1）往列表中添加元素。

（2）修改列表中的元素。

（3）删除列表中的元素。

（4）列表切片。

（5）判断元素是否在列表中。

（6）获取列表元素的索引。

（7）遍历列表。

（8）列表元素的排序。

- 元组。
- 字典。

（1）往字典中添加元素。

（2）从字典中获取元素。

（3）修改字典中的元素的值。

（4）删除字典中的元素。

（5）遍历字典中的元素。

## 6.12 迎接小挑战

（1）将“布丁”添加到购物清单['牛奶','面包', '薯条','可乐']索引3的位置，并且打印列表。

（2）将购物清单中的可乐换成雪碧，并且打印列表。

（3）通过列表切片获取购物清单中索引2到索引4的元素，并且打印出来。

（4）新建一个商品价格字典{'铅笔'：2，'橡皮'：2，'白纸'：1，'文具盒'：20，'玩具手枪'：60}。对字典进行操作，添加一个8元钱的橡皮泥，并将字典打印出来。

（5）针对上面新建的商品价格，用代码编写一个计算商品购买总价格的程序。

# 第7章

# 函数拥有巨大的能力

随着代码越写越多，重复的代码也越来越多。我们是否能把这些具有特定功能的代码拎出来，做成一个可以直接使用的东西。好比橡皮泥的模具，想要什么形状就使用什么模具。

利用这些模具，可以轻松地做出各种漂亮的形状，如果我们徒手捏这些形状的话，就很费力了。只要模具制作好了，我们就能重复使用模具。函数也一样，编写一次以后，可以多次调用实现相应的功能。

我们已经用过了一些函数，例如print()、sort()、random()等借助这些函数，可以实现想要的功能，今天我们要创建自己的函数。

## 7.1 第 40 课：属于我的函数

合理地使用函数不但可以让程序的条理更加清晰，还可以在编写新程序的时候直接借用以前程序中的函数，减少重复劳动。

Python虽然有很多内置函数，但是并不能完全满足我们的需求。我们可以通过自定义函数来强化它。

太棒了，我要创造属于我的函数。

**创建新函数**

你知道把大象装进冰箱，需要哪几步吗？

第一步：打开冰箱门。
第二步：把大象装进去。
第三步：关好冰箱门。

执行3步将一只大象装进冰箱。

代码

```
print("第一步：打开冰箱门。")
print("第二步：把大象装进去。")
print("第三步：关好冰箱门。")
```

现在需要再装一只大象进冰箱，需要重复上面的3步。

代码

```
#将一只大象装进冰箱
print("第一步：打开冰箱门。")
print("第二步：把大象装进去。")
print("第三步：关好冰箱门。")
#再将一只大象装进冰箱
print("第一步：打开冰箱门。")
print("第二步：把大象装进去。")
print("第三步：关好冰箱门。")
```

这样有些麻烦，看来需要创建一个函数来帮助装大象，创建一个函数putTheElephantIn()试试看。

接下来我们来学习函数是怎么创建出来的：

代码

```
def putTheElephantIn():
    print("第一步：打开冰箱门。")
    print("第二步：把大象装进去。")
    print("第三步：关好冰箱门。")
```

第一行中，用def关键字定义了一个函数，函数名称为putTheElephantIn，在函数名后面有一个小括号()，小括号后面跟着一个冒号:。

在括号里面可以指定一个或者多个参数。putTheElephantIn函数小括号里空空的，没有参数。

冒号后面是函数的代码块，这个代码块比较简单，3句print，用来输出执行步骤。

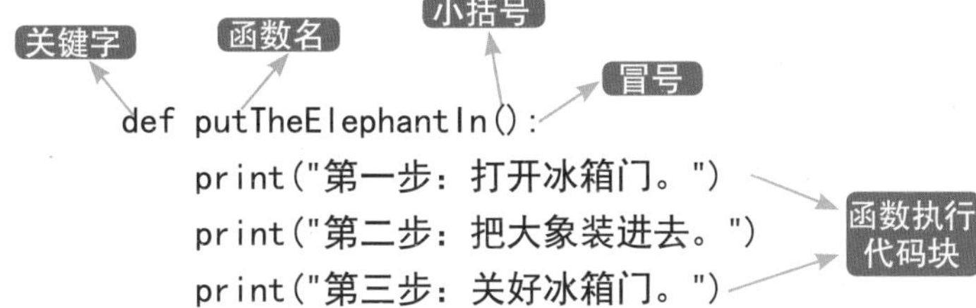


运行程序你会发现，什么也没发生，那是因为函数还没有投入工作。

## 7.2 函数的工作

函数要怎么使用呢？

使用函数的过程通常称为**调用函数**。

调用函数的语法是这样的：

函数名(参数*)

- 函数名：函数的名称，例如putTheElephantIn，就是函数名。
- 参数：putTheElephantIn ()没有参数，所以我们直接使用putTheElephantIn ()就能调用函数。

**函数调用**

调用函数putTheElephantIn()：

代码

```
def putTheElephantIn():
    print("第一步：打开冰箱门。")
    print("第二步：把大象装进去。")
    print("第三步：关好冰箱门。")

putTheElephantIn()                #调用函数
```

运行程序，调用putTheElephantIn()将大象装入了冰箱。

```
第一步：打开冰箱门。
第二步：把大象装进去。
第三步：关好冰箱门。
```

再来构建一个加法函数add()：

代码

```
def add():                             #创建add函数
    print("1+1=" + str(1+1))           #列出计算等式

print("调用add函数开始")
add()                                  #调用add函数
print("调用add函数结束")
```

依次单击菜单栏Run→Run Module选项来运行程序，程序运行结果如下：

```
调用add函数开始
1+1=2
调用add函数结束
```

通过在主程序中调用add函数，执行了add函数的代码块。

代码执行顺序如下：

1. 执行print("调用add函数开始")，打印调用add函数开始。
2. 调用add函数，执行add函数中的代码块。
3. 执行完add函数之后，又回到主程序，执行print("调用add函数结束")，打印调用add函数结束。

尝试把之前的一些程序变成函数吧。

## 7.3 第 41 课：有参数的函数

add()函数可以实现我输入什么数字就输出什么等式吗？这样才能实现有价值的函数功能。一起来重新定义函数，给add()增加两个加数：add1和add2，作为函数add()的参数。

**定义函数**

```
def add(add1,add2):
```

**完善函数功能**

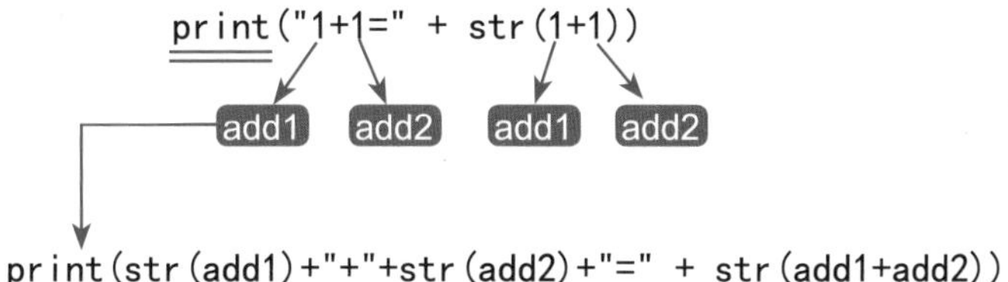
print("1+1=" + str(1+1))
add1
add2
add1
add2
print(str(add1)+"+"+str(add2)+"=" + str(add1+add2))

#add1、add2是数字，使用str()转换成字符串，再通过+将等式拼接起来。
还可以使用占位符将等式1 + 1 = 2转换成%d + %d = %d。
第一个数字是add1，第二个数字是add2，第三个数字是add1+add2。
通过占位符再将实际的数字放到后面。

```
print( " %d + %d = %d "  % (add1,add2,add1+add2))
```

**直接调用函数**

```
def add(add1,add2):
print("%d + %d = %d" % (add1,add2,add1+add2))

add(5,9)
```

程序运行结果如下：

```
5 + 9 = 14
```

修改add(5,9)函数中的两个参数，就可以输入不一样的等式。

代码

```
def add(add1,add2):
    print("%d + %d = %d" % (add1,add2,add1+add2))

add1 = input("输入第一个加数：")      #输入要进行加法计算的数字
add2 = input("输入第二个加数：")
add(int(add1),int(add2))
#input()函数输入的是字符串，输入函数将其转换成整数
```

程序运行结果如下：

```
输入第一个加数：12
输入第二个加数：36
12 + 36 = 48
```

使用Python的**def**关键字定义函数，后面接函数名字和小括号“()”，括号中可以指定参数。

**参数默认值**

如果参数中需要设置默认值，例如add2 = 2，代码如下：

代码

```
def add(add1,add2=2):
print("%d + %d = %d" % (add1,add2,add1+add2))
add(6)
```

程序运行结果如下：

```
6 + 2 = 8
```

设置了默认值的参数，不传入的情况下会使用默认值。这里**add2**使用的是默认值2。

## 7.4 第 42 课：不确定数量的参数

这是一个好问题，我们之前学的都是固定个数的参数。如果要传递的参数个数不确定，大家会不会想起列表或元组？我们可以将参数放到列表中，然后通过列表进行参数的传递。

有的时候我也不知道有多少个参数，那该怎么办呢？

### 计算多个数字的和（通过列表传参）

代码如下：

```
def add(nums):                    #创建add函数
    sum = 0                       #变量sum用来保存数字相加的和
    for num in nums:              #将nums列表中的所有数字遍历一次
        sum = sum + num   #完成nums中的数字累加后赋值给变量sum
    print(str(nums) + "中数字的和是：" + str(sum)) #输入计算的结果

add([1,2,3,4,5,6,7,8,9,10])
```

程序运行结果如下：

```
[1, 2, 3, 4, 5, 6, 7, 8, 9, 10]中数字的和是：55
```

（1）在程序中创建了add函数，参数为nums，函数的功能是计算nums中数字的和。

（2）在主程序中，调用add函数：

```
add([1,2,3,4,5,6,7,8,9,10])
```

传入一个列表[1,2,3,4,5,6,7,8,9,10]，列表中的数字个数是不确定的。

## 7.5 第 43 课：函数的返回值

函数可以接收参数，处理信息，也可以返回处理后的结果。返回的结果叫作返回值。函数有时候需要返回信息，这个时候要用到return关键字。

通过一个平方计算的例子，我们来感受一下函数的返回值。

### 1. 一个有返回值的函数

代码

```
def square(num):                  #创建函数square()
    res = num * num               #记录num的平方值
    return res                    #将计算结果返回

result = square(4)                #将返回的计算结果赋值给变量result
print("计算平方是:" + str(result))
```

程序运行结果如下：

计算平方是：16

睁大眼睛仔细看，是result
不是return。result和
res是变量，return是关
键字。


1 在程序中通过def square(num):定义了平方函数，在函数中使用return关键字将结果返回。

2 在主程序中调用函数result = square(4)，传入参数4，将函数的计算结果赋值给result变量。

现在给你一个任务，从一串正整数中找出最大值。算法思路：创建一个变量maxNum用于存储最大值，然后将每一个数字和这个maxNum对比，如果数字比maxNum大，就把这个数字赋值给maxNum，让maxNum永远是最大的。

## 2. 返回数字中的最大值

代码

```
def max(nums):                  #创建max函数
    maxNum = 0                  #创建maxNum变量并且初始化为0
    for num in nums :           #遍历nums
        if (num > maxNum):      #对比num和maxNum的大小
            maxNum = num        #如果num > maxNum，则maxNum记录较大值
    return maxNum               #遍历结束后返回maxNum

maxNum = max([34,32,45,67,23,84,32,96,13,94,44])
print("最大值是:%d" % maxNum)
```

依次单击菜单栏Run→Run Module选项来运行程序，程序运行结果如下：

```
最大值是:96
```

**1** 通过def max(nums):创建了max函数，参数是nums。

**2** 函数的功能是找出nums中的最大值并返回。

①创建一个变量maxNum，初始值为0。

②通过for num in nums遍历里面的数字。

③如果num > maxNum，将num赋值给maxNum，这样就保证了maxNum的值是最大的。

④遍历结束后，将maxNum作为返回值。

**3** 在主程序中通过maxNum = max([34,32,45,67,23,84,32,96,13,94,44])调用max函数，将列表参数[34,32,45,67,23,84,32,96,13,94,44]传入函数，将函数返回的最大值赋给主程序的maxNum。此时主程序的maxNum就是这串数字的最大值了。

这里函数max()中的maxNum和主程序中的maxNum可不是同一个maxNum。

## 7.6 第 44 课：变量的作用域

在求最大值的函数中，变量maxNum就是最大值，那么在主程序中为什么不直接输出函数中的maxNum，而是要在主程序中再创建一个maxNum呢？

遇到疑惑，我们尝试直接输出maxNum：

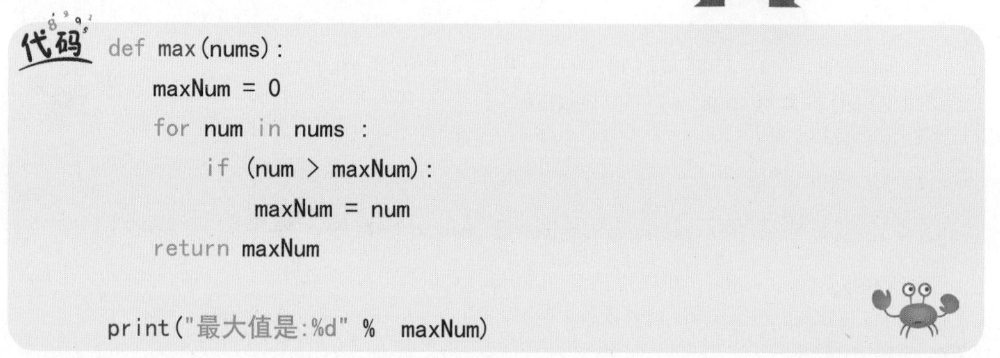

```
代码
def max(nums):
    maxNum = 0
    for num in nums :
        if (num > maxNum):
            maxNum = num
    return maxNum

print("最大值是:%d" %  maxNum)
```

依次单击菜单栏Run→Run Module选项来运行程序，程序运行结果报错了：

```
NameError: name 'maxNum' is not defined
```

这是作用域在作怪?

意思是名称maxNum没有被定义，程序找不到maxNum。

在主程序中将maxNum直接打印出来，但是程序却提示我们变量maxNum没有定义。这就很奇怪了，函数中明明定义了maxNum。

为什么会给出这样的提示呢？

一起来学习变量的两种作用域：局部变量和全局变量。

### 局部变量

在求最大值的函数中，第一个maxNum称为局部变量，它的作用域是函数内部，出了函数就没人认识它了。所以我们在主程序中使用它会报错。

### 全局变量

全局变量在主程序中定义，不仅可以在主程序中访问它，在函数中也可以访问它。我们来尝试一下。

代码

```
def mul(num1,num2):
    res = num1 * num2
    print(tip)
    return res

tip="我是主程序中定义的变量"
result = mul(4,5)
print("乘法的结果为:")
print (result)
```

程序运行结果如下：

```
我是主程序中定义的变量
乘法的结果为:
20
```

1 在程序中，tip是在主程序中定义的全局变量，并且tip指向了“我是主程序中定义的变量”。

2 我们在函数中并没有定义tip变量，但是可以在函数中使用变量，打印tip变量指向的对象内容。

3 同时，我们可以在函数中修改tip的值。

### 同名的局部变量和全局变量

代码

```
def mul(num1,num2):
    res = num1 * num2
    tip="在函数中修改值"
#这里不是修改全局变量tip，而是重新创建了一个局部变量tip
    print(tip)
    return res

tip="我是主程序中定义的变量"
result = mul(4,5)
print("乘法的结果为:")
print (result)
print(tip)
```

程序运行结果如下：

在函数中修改值
乘法的结果为:
20
我是主程序中定义的变量

1. 在主程序中定义了全局tip变量，并且将变量指向了”我是主程序中定义的变量”，全局变量能够在函数中访问到。
2. 在函数中看上去是修改全局变量tip的值，将tip重新指向“在函数中修改值”，在函数中打印tip的值，因而打印出了“在函数中修改值”。
3. 在主程序中打印tip的值，依然打印出了在主程序中定义的值“我是主函数中定义的变量”。这是为什么呢？

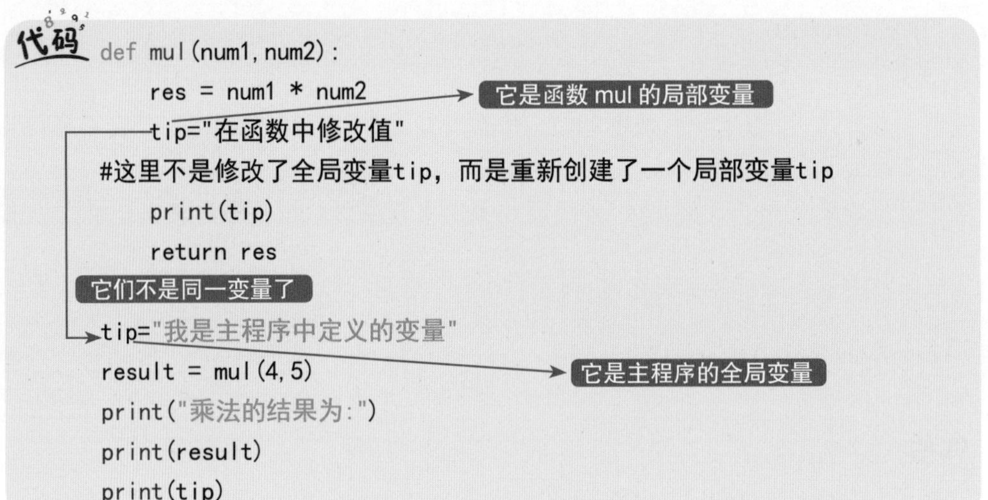

```
def mul(num1,num2):
    res = num1 * num2
    tip="在函数中修改值"
#这里不是修改了全局变量tip，而是重新创建了一个局部变量tip
    print(tip)
    return res

tip="我是主程序中定义的变量"
result = mul(4,5)
print("乘法的结果为:")
print(result)
print(tip)
```



这是因为我们在函数内创建tip的时候，不是修改了主程序的全局变量tip，而是重新创建一个局部变量tip。它们是完全不同的变量，只是看上去名字一样而已。

#### 强制为全局变量

在函数中，修改全局变量tip指向的值，Python就会重新创建一个局部变量，而没有使用全局变量。如果我们就是要在函数中修改全局变量的值，要怎么办呢？

我们可以使用Python中的global关键字来实现。

代码

```
def mul(num1,num2):
res = num1 * num2
    global tip                  #强制函数内部的tip是全局变量的tip
    tip= "在函数中修改值"
    print(tip)
    return res

tip="我是主程序中定义的变量"
result = mul(4,5)
print("乘法的结果为:")
print (result)
print(tip)
```

程序运行结果如下：

```
在函数中修改值
乘法的结果为:
20
在函数中修改值
```

程序中使用global关键字将tip强制为全局变量，所以在函数中修改全局变量tip，Python没有重新创建一个局部变量，而是修改了主程序中定义的全局变量。

## 7.7 函数能量回收

学习内容总结：

（1）通过**def 函数名字(参数…)**语法创建自定义的函数。

（2）通过函数名(参数…)调用函数。

（3）调用有一个或多个参数的函数。

（4）函数通过return返回返回值。

（5）变量作用域（局部变量和全局变量）。

## 7.8 函数能量小挑战

（1）定义一个函数来向家人传达节日祝福。

（2）在上一个函数的基础上，加入一个参数，可以通过参数控制向不同家庭成员传达祝福。

（3）在上一个函数的基础上，再加入一个参数，可以通过参数控制向不同家庭成员传达不同节日的祝福。

（4）再定义一个函数，通过关键字参数的形式接收各门课程期末考试的成绩，并计算总分。

（5）班上有3位同学，分别是“奇奇果”“美美果”“聪聪果”。老师要统计班上同学的**家庭联系电话**、**家庭住址**，你编写一个函数帮老师统计吧。函数的参数个数可以自己定义，返回值可以决定是否需要。

（6）指出以下代码中哪些是局部变量，哪些是全局变量。

代码

```
def max(*nums):
    max = 0
    for num in nums :
        if (num > max):
            max = num
    return max

maxNum = max(4, 5, 23, 22, 1, 89, 455, 360, 888, 222, 111)
print("最大值是:")
print (maxNum)
```

# 第8章 类与对象的奥秘

我们学习了如何使用数据结构来组织数据，如何用函数来组织程序代码。本章我们要学习Python中的类和对象，这是一种核心思想！

## 8.1 第 45 课：熟悉的类和对象

有一句古话“物以类聚，人以群分”，用于比喻同类的东西常聚在一起，志同道合的人相聚成群。**类**是指具有相同属性和动作的一类事物。

老虎、狮子、狗等都可以归类为动物，它们具有什么相同的特征呢？

从身体构造来看，都包含头、四肢，都会发出声音，都会走路、奔跑。

以上特征，身体构造可以称为属性，发出声音、走路、奔跑称为动作。

针对老虎、鸵鸟、狗可以归成一个类，叫作动物类。

- **动物类的属性**：名字、重量、腿的数量等。
- **动物类的动作**：叫、跑、吃等。

虽然它们都具备这些属性和动作，但是它们的名字、重量、腿的数量以及叫、跑、吃都是不同的，各有各的特点，所以狗、鸵鸟、老虎可以称为动物类的具体对象。

**共同属性**：名字、重量、腿。

**动物类**

具体对象：狗狗
名字：柯基
重量：10kg
腿的数量：四条腿

具体对象：鸵鸟
名字：鸵鸟
重量：130kg
腿的数量：两条腿

具体对象：老虎
名字：山大王
重量：190kg
腿的数量：四条腿

原来这就是类呀，那么人也应该划分到动物类，也是动物类的具体对象。

## 8.2 Python 中的类和对象

Python中的类与生活中的类是一样的，都用来描述具有相同属性和方法的事物。方法定义了类能做的事情，也就是上一节中的动作，例如叫、跑、吃等。

在上一节中，将狗、鸵鸟、老虎归成动物类。先定义一个动物类看看，跟着一起来哟，这可是高级技能。

Python的语法可是很重要的哟。

在Python中，定义一个类的语法是这样的：

```
class  类名:
       属性和方法定义
```

在Python中，通过class关键字来定义类。
通过以上语法，我们就可以定义一个动物类。

```
class Animal:
    pass
```

我们定义了动物类，但是在动物类中什么都没有干。当我们定义一个类，但是还没有想好要让它干什么的时候，可以通过pass来告诉Python我们还没有想好要做什么。

小拓展

在Python中，关于类的命名也有一套规则。只有大家都按照这套规则书写代码，代码的可读性才更高。

类名采用驼峰格式。那什么是驼峰格式呢？就是单词的首字母为大写，后面的字母都为小写，例如MyName。

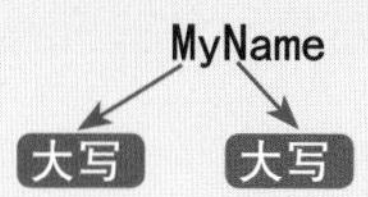


一高一低就像驼峰一样。

## 8.3 第 46 课：创建实例对象

类已经创建好了，接下来要创建属于类的具体对象了。

我是一只小狗，我的名字叫作柯基，重量是10kg，有四条腿。

狗狗是Animal类的具体对象。用Python怎么实现呢？

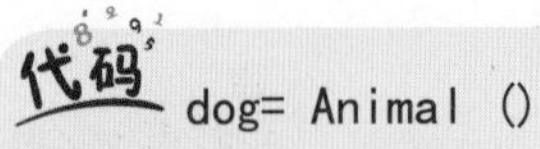


```
dog= Animal ()
```

通过dog= Animal ()创建了Animal类的dog对象，并且用变量dog标识了这个对象。

我是一只老虎。我的名字叫作山大王，重量是190kg，有4条腿。

老虎也是属于Animal类的具体对象。创建它：

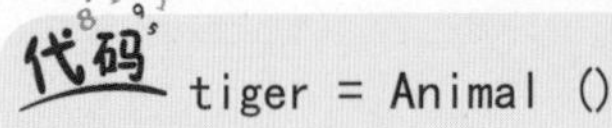


```
tiger = Animal ()
```

通过tiger = Animal()创建了Animal类的tiger对象，并且用变量tiger来标识。

你来试试创建鸵鸟对象吧，看看和我写的是否一样。

```
ostrich = Animal()    #这就创建了鸵鸟对象
```

## 8.4 对象的独特属性

每个对象都具有独特的特征，在Python类中称为属性。

Python中设置对象的具体属性语法是这样的：

**对象名.属性名 = 具体属性**

如果要使用对象的属性，我们可以通过**对象名.属性名**来获取。

下面来试试创建Animal类的dog对象，并且给它设置相应的属性。

**狗狗的属性：**

名字：柯基。

重量：10 kg。

腿的数量：有四条腿。

知道了狗的属性，现在我们通过Python来给dog对象设置属性。

代码

```
class Animal:                              #创建Animal类
    pass

dog = Animal()                             #创建Animal类的对象dog
dog.name = "柯基"                          #设置dog对象的name属性为柯基
dog.weight = 10                            #设置dog对象的weight属性为10
dog.legNum = 4                             #设置dog对象的legNum属性为4

print("我是一只狗狗，我的名字是：%s，重量是%d kg，有%d条腿。" %
(dog.name,dog.weight,dog.legNum) )
```

依次单击菜单栏Run→Run Module选项来运行程序，程序运行结果如下：

我是一只狗狗，我的名字是：柯基，重量是10 kg，有4条腿。

1. 在程序中，我们通过class Animal创建了Animal类。
2. 通过dog = Animal()创建了Animal的实例化对象dog，并且通过dog.属性名 = 具体属性设置对象的相应属性。
3. 通过dog.name获取了dog对象的name属性，通过dog.weight获取了dog对象的weight属性，通过dog. legNum获取了dog对象的legNum属性。
4. 通过print("我是一只狗狗，我的名字是：%s，重量是%d kg，有%d条腿。" % (dog.name,dog.weight,dog.legNum) )将打印相应的内容。

接下来我们给老虎对象设置属性，设置前先看看老虎对象的属性是什么。

**老虎的属性：**

名字：山大王。
重量：190 kg。
腿的数量：4条腿。

用Python来设置老虎的属性吧。

```
class Animal:                    #创建Animal类
    pass

tiger = Animal()                 #创建Animal类的对象tiger
tiger.name = "山大王"            #设置tiger对象的name属性为山大王
tiger.weight = 190               #设置tiger对象的weight属性为190
tiger.legNum = 4                 #设置tiger对象的legNum属性为4

print("我是一只老虎，我的名字是：%s，重量是%d kg，有%d条腿。"
      % (tiger.name,tiger.weight,tiger.legNum) )   #打印
```

依次单击菜单栏Run→Run Module选项来运行程序，程序运行结果如下：

我是一只老虎，我的名字是：山大王，重量是190 kg，有4条腿。

在程序中都是通过**对象.属性名 = 具体属性**设置对象dog和对象tiger的属性，当属性数量比较多的时候，这种方式会比较烦琐。

Python提供了一个魔术方法来设置对象的属性。这个魔术方法就是函数__init__()。

__init__()是Python中的特殊方法，特殊方法都是这么命名的，为了和普通方法进行区分，所以你尽量不要这样命名哦。

__init__()是初始化函数，定义在类中。

当实例化对象的时候，会调用__init__()方法设置对象的属性。这是设置对象属性的另一种方式，也是用得更多的一种方式。

一起来改造Animal类，并且初始化name、weight、legNum属性。

代码

```
class Animal:
    def __init__(self,name,weight,legNum):  #定义初始化函数
        self.name = name                     #对name属性进行初始化
        self.weight = weight                 #对weight属性进行初始化
        self.legNum = legNum                 #对legNum属性进行初始化

dog = Animal("柯基",10,4)                   #创建dog对象
print("我是一只狗狗，我的名字是：%s，重量是%dkg，有%d条腿。"
    % (dog.name,dog.weight,dog.legNum) ) #打印
```

程序运行结果如下：

我是一只狗狗，我的名字是：柯基，重量是10kg，有4条腿。

1 在Animal类中定义了__init__()方法，带有4个参数。

①第一个参数是self。

②第二个参数是属性name。

③第三个参数是weight。

④第四个参数是legNum。

2 在__init__()方法中，对name属性、weight属性、legNum属性进行了初始化。

你有没有发现，创建dog对象的方式发生了变化，只需要将对应的属性值按照__init__()方法的顺序填入就可以了。

创建dog对象从dog = Animal()没有通过参数传值。

变成了：

dog = Animal("柯基",10,4)通过参数传了3个值。

创建dog对象的时候，将属性值"柯基",10,4作为参数传入，Python会自动调用__init__( self,name,weight,legNum)方法执行代码块：

```
self.name = name
self.weight = weight
self.legNum = legNum
```

将dog的name属性设置为“柯基”。

将dog的weight属性设置为10。

将dog的legNum属性设置为4。

通过__init__()方法在创建dog对象的时候就把属性一起设置好了，不需要我们在后面重新设置。

是不是很棒？

在__init__ ()函数中的self参数代表的是当前的实例对象本身。

因为Animal有多个实例对象，例如上面的dog和tiger，还可以有更多的对象。Animal类需要知道当前调用__init__ ()方法的是哪个实例对象，通过self传给__init__ ()方法，类中方法的参数第一个都是self。在dog对象中self就表示dog这个对象，在tiger对象中，self就表示tiger这个对象。

是否一定要使用self呢？其实self只是一个变量，用来表示对象本身，我们也可以将它换成其他变量，试试看可不可行。

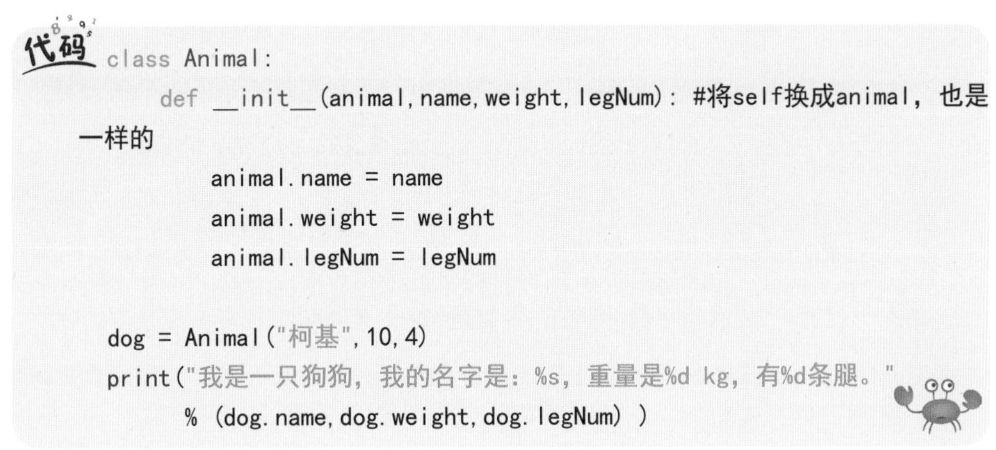

代码

```
class Animal:
    def __init__(animal,name,weight,legNum): #将self换成animal，也是一样的
        animal.name = name
        animal.weight = weight
        animal.legNum = legNum

dog = Animal("柯基",10,4)
print("我是一只狗狗，我的名字是：%s，重量是%d kg，有%d条腿。"
      % (dog.name,dog.weight,dog.legNum) )
```

程序运行结果是这样的：

**我是一只狗狗，我的名字是：柯基，重量是10kg，有4条腿。**

在程序中，将self改成变量animal，得出了同样的结果。所以self只是约定俗成的变量。为了减少大家的理解难度，以后我们也用self，这样大家看到self就知道它代表实例对象本身了。

还有一个问题：dog对象调用__init__ ()函数并没有传递参数，那么__init__ ()函数是怎么拿到当前对象的呢?

因为dog对象调用__init__ ()函数的时候，Python会自动加上当前实例对象，传入__init__ ()函数中。所以在__init__ ()函数中拿到了当前调用__init__ ()函数的实例对象。

我们已经创建了一个狗狗对象，并且name属性设置为柯基，但是我想给它改个名字叫作米粒。Python有两种方法对name属性进行修改：一种是通过对象名.属性名 = 具体属性值进行修改；另一种是通过方法进行修改。

### 1. 通过对象名.属性名 = 具体属性值修改

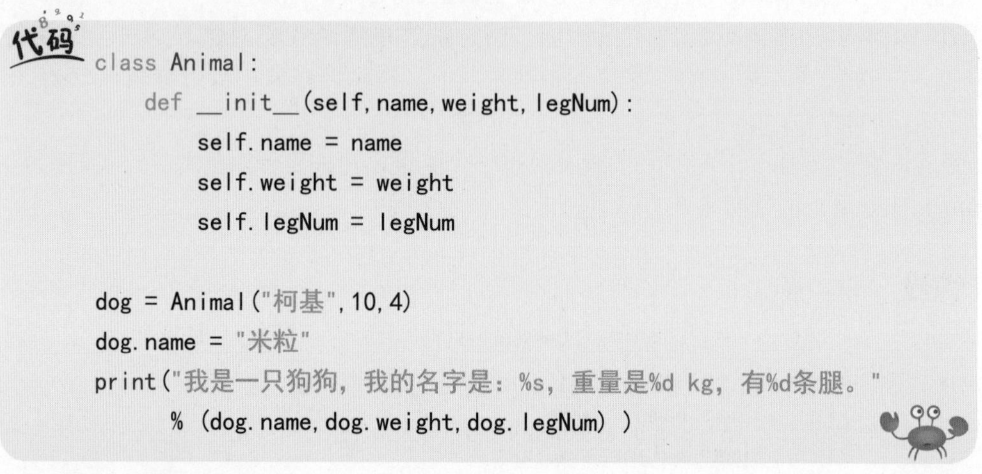

代码

```
class Animal:
    def __init__(self,name,weight,legNum):
        self.name = name
        self.weight = weight
        self.legNum = legNum

dog = Animal("柯基",10,4)
dog.name = "米粒"
print("我是一只狗狗，我的名字是：%s，重量是%d kg，有%d条腿。"
      % (dog.name,dog.weight,dog.legNum) )
```

程序运行结果如下：

我是一只狗狗，我的名字是：米粒，重量是10kg，有4条腿。

1 通过dog = Animal("柯基",10,4)创建了dog实例对象，并且设置了属性name ="柯基"，属性weight = 10，属性legNum = 4。

2 我们要给狗狗取一个新名字，通过dog.name = "米粒"设置狗狗的name属性为米粒。

### 2. 通过方法修改

代码

```
class Animal:
    def __init__( self,name,weight,legNum):
        self.name = name
        self.weight = weight
        self.legNum = legNum
    def update(self,name):              #创建更新name属性的方法
        self.name = name

dog = Animal("柯基",10,4)
dog.update("米粒")                      #调用更新name属性的方法
print("我是一只狗狗，我的名字是：%s，重量是%dkg，有%d条腿。"
      % (dog.name,dog.weight,dog.legNum) )
```

程序运行结果如下：

我是一只狗狗，我的名字是：米粒，重量是10kg，有4条腿。

1 在Animal类中增加了一个方法，用于修改name。

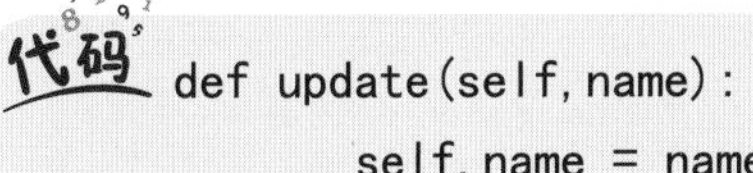

```
def update(self,name):
        self.name = name
```

这个方法的参数是name，接收到传入的name值之后，更新name属性。

2 在主程序中，我们调用了update()方法，并且将“米粒”作为参数，传递给函数。

程序运行结果显示，我们通过update()方法将name属性成功更新为**米粒**。

## 8.5 第 47 课：对象的动作

动物不仅有自己的属性，还有自己的动作，例如叫、跑、吃等。

接下来，我们要让对象拥有自己的动作，在类中的动作是通过函数来定义的。

```
class Animal:                        #创建Animal类
    def __init__(self,name,weight,legNum):
        self.name = name
        self.weight = weight
        self.legNum = legNum
    def run(self):                   #定义run方法，就是动物跑的动作
        print("我是%s，我在跑。" % self.name)

dog = Animal("柯基",10,4)
dog.run()                            #调用run方法
```

程序运行结果如下：

我是柯基，我在跑。

1 通过class Animal创建了Animal类，创建Animal类的run()方法也就是Animal类的run动作。

2 通过__init__方法初始化了dog对象的name属性为柯基，weight属性为10，legNum属性为4。

3 通过dog.run()调用dog对象的run动作。从程序运行结果可以看到我是柯基，我在跑，赋予了柯基跑的能力。

在前面的例子中，都是通过print("我是一只狗狗，我的名字是：%s，重量是%d kg，有%d条腿。" % (dog.name,dog.weight,dog.legNum))来打印dog对象的相关属性的，每次要打印都要写这么一长段。

我们来试试直接打印实例对象dog，看看会得到什么？

想想很简单，用print()方法将它打印出来看看，一起来试试。

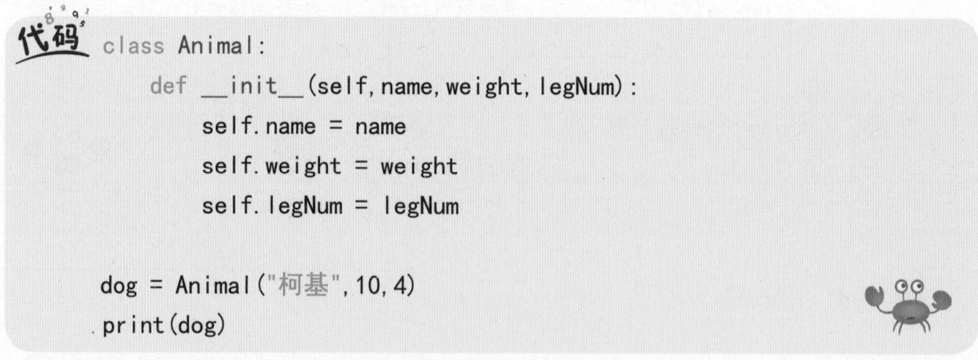

代码

```
class Animal:
    def __init__(self,name,weight,legNum):
        self.name = name
        self.weight = weight
        self.legNum = legNum

dog = Animal("柯基",10,4)
print(dog)
```

我们一起来看程序运行结果：

```
<__main__.Animal object at 0x000001E69096BCD0>
```

在程序中，通过print()函数来打印实例对象dog，结果打印出了一串我们不认识的字符。这不是我们想要的结果，那要怎么打印才能得到我们想要的结果呢？

Python给我们提供了另一个魔术方法__str__()，可以按照指定的格式打印出dog对象的字符串格式。

我们来尝试一下吧。

代码

```
class Animal:
    def __init__(self,name,weight,legNum):
        self.name = name
        self.weight = weight
        self.legNum = legNum
    def __str__(self):
        dec = "我的名字是%s，体重是%d kg，我有%d条腿。" % (self.name,self.weight,self.legNum)
        return dec

dog = Animal("柯基",10,4)
print(dog)
```

程序运行结果如下：

我的名字是柯基，体重是10kg，我有4条腿。

在Animal类中增加了一个新方法：__str__()，作用是将实例对象的内容按照方法中指定的格式打印出来。当在dog对象中调用print(dog)时，会调用__str__()方法将对象按照方法中指定的格式打印出来。

在__str__()方法中，指定的格式是：**我的名字是%s，体重是%d kg，我有%d条腿**，所以程序结果打印出了**我的名字是柯基，体重是10 kg，我有4条腿**。

## 8.6 类的三大特性

类具有3个特性，即**封装性**、**继承性**和**多态性**。利用这3个特性可以帮助我们更好地使用类。

### 8.6.1 第48课：封装性

我们家里都有电视机，可以用遥控器遥控电视机，进行开机、换台、关机等操作，但是我们并不知道电视机里面的具体细节。

在定义类的时候也是一样的。类可以将数据和逻辑封装起来，使用的人不用关心具体的逻辑，调用类提供的方法完成相应的操作就可以了。

我们进行一个游戏，来学习类的封装性。

**李老板叫光头强砍树**

李老板是光头强的老板，光头强是伐木工。李老板还有很多像光头强一样的伐木工。李老板需要砍伐树木的时候，就可以叫下面的员工去砍伐，具体员工怎么砍伐，是用锯子锯还是用斧头砍，李老板其实都不关心，他只关心树是否按时按量的送到了客户手中。我们通过Python来实现这个程序。

代码

```
class Employee:                          #定义员工类
    def __init__(self,name,iphone):
#初始化员工类的属性：name和iphone
        self.name = name
        self.iphone = iphone
    def __str__(self):                   #定义员工类的指定输出格式
        dec = "员工的名字是" + self.name + "，电话是" + self.iphone
        return dec
    def work(self,address):              #定义员工的工作方法
        print("李老板说：%s去砍10棵树，并且送到%s。" % (self.
name,address))
        self.__hide()                    #躲避熊大、熊二
        self.__cutTrees()                #砍树
        self.__loadTrees()               #装树
        self.__deliveryTrees()           #送树
        print("%s说:李老板，我完成了任务。" % self.name)
#告诉李老板任务完成

    def __hide(self):                    #定义躲避熊大、熊二的方法
        print("---躲开熊大熊二")

    def __cutTrees(self):                #定义砍树的方法
        print("---砍树")

    def __loadTrees(self):               #定义装树的方法
        print("---装树")

    def __deliveryTrees(self):           #定义送树的方法
        print("---送树")

employee = Employee("光头强","1897088****") #创建员工类的对象
employee.work("建筑工地")                #调用work()方法，让员工砍树
```

程序运行结果如下：

李老板说：光头强去砍10棵树，并且送到建筑工地。
---躲开熊大、熊二
---砍树
---装树
---送树
光头强说：李老板，我完成了任务。

1 在程序中定义了Employee类，包括两个属性：name和iphone。

2 在Employee类中定义了5个方法，分别说明如下。

- work ()：李老板的员工工作的方法。
- __hide()：躲避熊大、熊二的方法。
- __cutTrees ()：砍树的方法。
- __loadTrees()：装树的方法。
- __deliveryTrees()：送树的方法。

为什么4个方法的前面都有__？


__表示这个是私有方法，只允许类的内部访问，在类外面无法访问。这些方法只能光头强使用，李老板是不能使用的。

3 在主程序中调用work()方法进行砍树和送树的操作，主程序作为使用方，就相当于李老板，他并不关心树是怎么砍的，也不关心是怎么送树的，李老板只是关心树是否送到了。

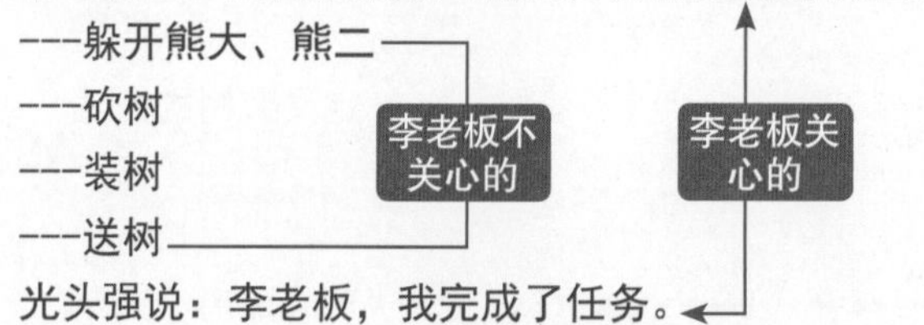

如果在类外面访问私有方法，会怎么样呢？

在主程序中访问私有方法__hide()，会发现访问失败。私有方法只能在类里面访问，不能在类外面访问。

在类里面不仅可以定义私有方法，还可以定义私有属性。我们给员工Employee类添加工资属性。工资可是需要保密的哟，设置成私有属性。

```
class Employee:                          #创建员工类
    def __init__(self,name,iphone,salary): #属性初始化方法
        self.name = name
        self.iphone = iphone
        self.__salary = salary           #初始化私有化属性__salary

employee = Employee("光头强","1897088****",5000)
print(employee.name)                     #打印名字
print(employee.iphone)                   #打印号码
print(employee.__salary)                 #打印工资
```

程序运行结果如下：

```
光头强
1897088****
AttributeError: 'Employee' object has no attribute '__salary'
```

1. Employee类中增加了私有属性salary，通过__salary定义私有属性。私有属性只能在类中访问。
2. 在主程序中查看打印属性name、iphone和__salary，通过运行程序发现__salary无法打印，程序报错：**Employee对象没有属性__salary**。

因为__salary是私有属性，所以在类外是不能随意访问和修改的。但是我们可以在类中提供方法给外部调用来修改私有属性__salary。

我们试试给光头强涨工资。

代码

```
class Employee:                         #创建员工类
    def __init__(self,name,iphone,salary): #属性初始化方法
        self.name = name
        self.iphone = iphone
        self.__salary = salary          #初始化私有化属性__salary

    def modifySalary(self,salary):
#定义修改私有属性__salary的方法
        self.__salary = salary

    def printSalary(self):
        print(self.__salary)

employee = Employee("光头强","1897088****",5000)

employee.modifySalary(10000)            #涨工资
employee.printSalary()                  #说出工资
```

程序运行结果如下：

```
10000
```

1. 在Employee类中创建了modifySalary ()方法对__salary属性进行修改。
2. 在主程序中通过employee.modifySalary(10000)调整了__salary属性的值。
3. 通过printSalary()将保密的薪资打印了出来，工资是保密的，除非他自己说出来，否则其他人不能获取。

### 8.6.2 第49课：继承性

类的第二个重要特性是继承性。

在现实生活中，子女会遗传爸妈的一些特征，并且拥有自己的特色。

在Python中，继承的意思也是如此，通过继承我们可以使用原有类的所有功能，并且在原有类的基础上进行拓展。也就是说，每次我们新建一个类的时候，可以通过继承已有的类来获得已有的类的功能。

我们创建一个Person类，继承Animal类。
动物的属性有名字、体重、腿的数量。
人也是动物，也有名字、体重、腿。除此之外，还有**智商属性**。
动物会跑、会跳，人也会跑、会跳。除此之外，人还会说话。
通过以上分析，我们来创建Person类。

代码

```
class Animal:                                    #定义Animal类
    def __init__(self,name,weight,legNum):
        self.name = name
        self.weight = weight
        self.legNum = legNum
    def run(self):                               #定义run()方法
        print("我是%s,我在跑。" % self.name)

class Person(Animal):   #定义Person类，继承Animal类
    def speak(self):    #在Person类中定义speak()方法
        print("我是%s，我会说话。" % self.name)

lily = Person("lily",25,4)    #创建Person类的对象lily
lily.run()                    #调用run()方法，让lily拥有跑的能力
lily.speak()                  #调用speak()方法，让lily拥有说的能力
```

程序运行结果如下：

```
我是lily，我在跑。
我是lily，我会说话。
```

1 在程序中，通过class Animal:定义了Animal类，在Animal类中定义了run()方法。

2 通过class Person(Animal):定义了Person类，Person类继承了Animal类。Python中继承的语法是class Person(Animal): 。

通过继承创建的新类被命名为子类或者派生类，那么Person类就称为Animal类的子类或者派生类。

被继承的类被称为父类或者基类，那么Animal类就称为Person类的父类或者基类。是不是很形象？父类和子类与现实社会中人类的遗传很像。

子类　基类

class Person(Animal):

3 在Person类中，我们定义了一个函数speak()。

4 在主程序中，通过lily = Person("lily",25,4)创建了Person类的对象lily。很明显，Person类继承了父类Animal类的__init__()方法，因为我们在Person类中并没有定义__init__()方法，但是创建Person类的对象lily使用__init__()方法对name属性、weight属性、legNum属性进行了初始化。

在主程序中通过lily.run()调用了run()方法，使lily跑起来了。可是我们在Person类中并没有定义run()方法，那么肯定是继承Animal类来的。

好神奇，Person类继
承了Animal类，就
有了__init__()方法
和run()方法。


在主程序中通过lily.speak()调用了speak ()方法，使lily会说话了。这个方法就是Person类自己的了。

如果Person类在继承父类的name属性、weight属性、legNum属性的同时，还要增加年龄age属性，要怎么做呢？可以对父类的__init__()方法进行拓展。

代码

```
class Animal:                                #创建Animal类
    def __init__(self,name,weight,legNum):
        self.name = name
        self.weight = weight
        self.legNum = legNum
    def run(self):                           #创建run()方法
        print("我是%s,我在跑。" % self.name)

class Person(Animal):                        #创建Person类
    def __init__(self,name,weight,legNum,age):
#拓展父类的__init__()方法
        Animal.__init__(self,name,weight,legNum)
        self.age = age
    def speak(self):                         #创建speak()方法
           print("我是%s, 我今年%d岁, 我会说话。" % (self.name,self.
age))
lily = Person("lily",25,4,6)                 #创建Person类的对象lily
lily.run()                                   #调用run()方法
lily.speak()                                 #调用speak()方法
```

程序运行结果如下：

```
我是lily，我在跑。
我是lily，我今年6岁，我会说话。
```

1 在程序中，通过class Animal:创建了Animal类。

2 在程序中，通过class Person(Animal):创建了Person类，并且继承了Animal类。

3 Person类的初始化属性需要新增age属性，所以通过以下代码，在Person类中扩展了__init__()方法。

代码
```
def __init__(self,name,weight,legNum,age):  #扩展父类的__init__()方法
        Animal.__init__(self,name,weight,legNum)
        self.age = age
```

在Person类的__init__()方法中：

①通过Animal.__init__(self,name,weight,legNum)继承了Animal的__init__()方法，对name属性、weight属性、legNum属性进行初始化。

②通过self.age = age新增了age属性的初始化。

**4** 在主程序中，通过lily = Person("lily",25,4,6)创建了Person类的对象lily。传了4个属性的初始值，分别是name = lily、weight = 25 legNum = 4、age =6。

**5** 通过lily.run()调用了run()方法，让lily拥有了跑的能力；通过lily.speak()调用了speak()方法，让lily拥有了说的能力。

学习了继承并扩展了__init__()初始化函数，我们来试试扩展run()函数让lily跑圈。这样人类的奔跑和普通动物就区分开来了。

代码
```
class Animal:
    def __init__(self,name,weight,legNum):
        self.name = name
        self.weight = weight
        self.legNum = legNum
    def run(self):
        print("我是%s，我在跑。" % self.name)

class Person(Animal):
    def run(self):              #创建并扩展run()方法
        print("我是%s，我在跑圈。" % self.name)
lily = Person("lily",25,4)    #创建了Person类的对象lily
lily.run()                    #调用run()方法，让lily跑
```

程序运行结果如下：

我是lily，我在跑圈。

1. 在程序中，Person类继承并拓展了Animal类中的run()函数，实现了独特的跑圈。
2. 在主程序中，创建了Person类的对象lily，并且调用了run()方法。因为Person类继承并且扩展了run()方法，所以lily.run()会调用Person类中的run()方法。所以程序运行结果是：我是lily,我在跑圈。

### 多级继承

在现实生活中，儿子继承了爸爸的特点，爸爸继承了爷爷的特点。在Python程序中，也有多级继承。

例如：

Dog类继承了Animal类，同时狗狗又有很多品种，泰迪类继承了Dog类。

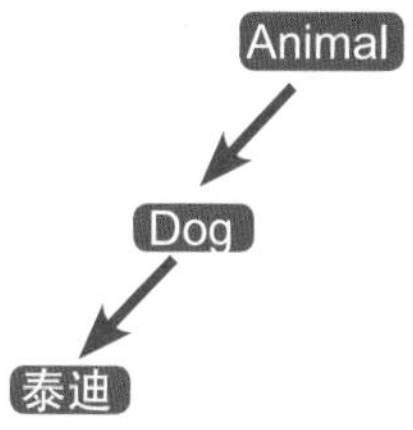

```
class Animal:
    pass
class Dog(Animal):
    pass
class taidi(Dog):
    pass
```

### 8.6.3 第50课：多态性

多态性是类的重要特性，多态从字面来理解是多种形态的意思。

在Python中，多态也是通过继承来体现的。调用相同的父类方法，对象会因为从属于不同的子类，相同的方法会得出不同的结果。

我们来举一个例子：动物都会说话，但是他们的语言是不同的。例如，狗狗是“汪汪汪”，老虎是“嗷呜”，人可以说中文。

我们来分析一下：

在**Animal**类中定义一个**talk()**函数，表示说话的方式。

定义以下4个子类。

- Dog子类：狗狗类，实现拓展**talk()**函数，说话的方式是“汪汪汪”。
- Tiger子类：老虎类，实现拓展**talk()**函数，说话的方式是“嗷呜”。
- Person子类：人类，实现拓展**talk()**函数，说话的方式是“中文”。
- Cat子类：猫咪类，没有实现拓展**talk()**函数。

创建子类的对象并调用**talk()**方法，看程序会有什么让人意外的输出。

代码

```
class Animal:                                   #创建Animal父类
    def __init__(self,name,weight,legNum): #初始化函数
        self.name = name
        self.weight = weight
        self.legNum = legNum

    def talk(self):   #定义talk()方法，定义动物说话的方式
        print("%s在叫" % self.name)

class Person(Animal):            #创建Animal类的子类：Person类
    def talk(self):              #Person类是这样说话的
```

```
        print(" %s在说中文" % self.name)

class Dog(Animal):              #创建Animal类的子类：Dog类
    def talk(self):             #Dog类是这样说话的
        print("%s在叫,汪汪汪..." % self.name)

class Tiger(Animal):            #创建Animal类的子类：Tiger类
    def talk(self):             #Tiger是这样说话的
        print("%s在叫,嗷呜..." % self.name)

class Cat(Animal):              #创建Animal类的子类：Cat类
    def run(self):
        print("%s在跑" % self.name)

person = Person("lily",25,4)  #创建Person类的对象person
person.talk()                 #调用talk()方法

dog = Dog("小狗狗",10,4)       #创建Dog类的对象dog
dog.talk()                    #调用talk()方法

tiger = Tiger("老虎",190,4)    #创建Tiger类的对象tiger
tiger.talk()                  #调用talk()方法

cat = Cat("猫咪",5,4)          #创建Cat类的对象cat
cat.talk()                    #调用talk()方法
```

程序运行结果如下：

```
lily在说中文
小狗狗在叫，汪汪汪...
老虎在叫，嗷呜...
猫咪在叫
```

1 在程序中，创建了Animal类，父类Animal拥有4个子类，分别是Person类、Dog类、Tiger类、Cat类。

2 在Animal类中定义了talk()函数，在4个子类中，Person类、Dog类、Tiger类分别按照自己的方式对talk()函数进行拓展，但是Cat类没有对talk()函数进行拓展。

代码

```
class Person(Animal):                    #创建Animal类的子类：Person类
    def talk(self):                      #Person类是这样说话的
        print(" %s在说中文" % self.name)

class Dog(Animal):                       #创建Animal类的子类：Dog类
    def talk(self):                      #Dog类是这样说话的
        print("%s在叫，汪汪汪..." % self.name)

class Tiger(Animal):                     #创建Animal类的子类：Tiger类
    def talk(self):                      #Tiger是这样说话的
        print("%s在叫，嗷呜..." % self.name)
```

3 在主程序中，我们创建了4个子类的对象，并且都调用了talk()方法。

4 因为Person类、Dog类、Tiger类都实现了自己的talk()方法，所以当对象调用talk()方法时，都按照各自的说话方式说话。Cat类没有实现自己的talk()方法，所以按照父类Animal中定义的talk()方法来实现。

```
class Animal:
    def __init__(self,name,weight,legNum):
        self.name = name
        self.weight = weight
        self.legNum = legNum

    def talk(self):
        print("%s在叫" % self.name)

class Person(Animal):
    def talk(self):
        print("%s在说中文" % self.name)

person = Person("lily",25,4)
person.talk()

lily在说中文
```

拓展实现了talk()方法

Person 类继承 Animal 类

创建了 Person 类的对象 person

运行结果为：

大小写的区别很大哟，一定要注意。你看person和Person。

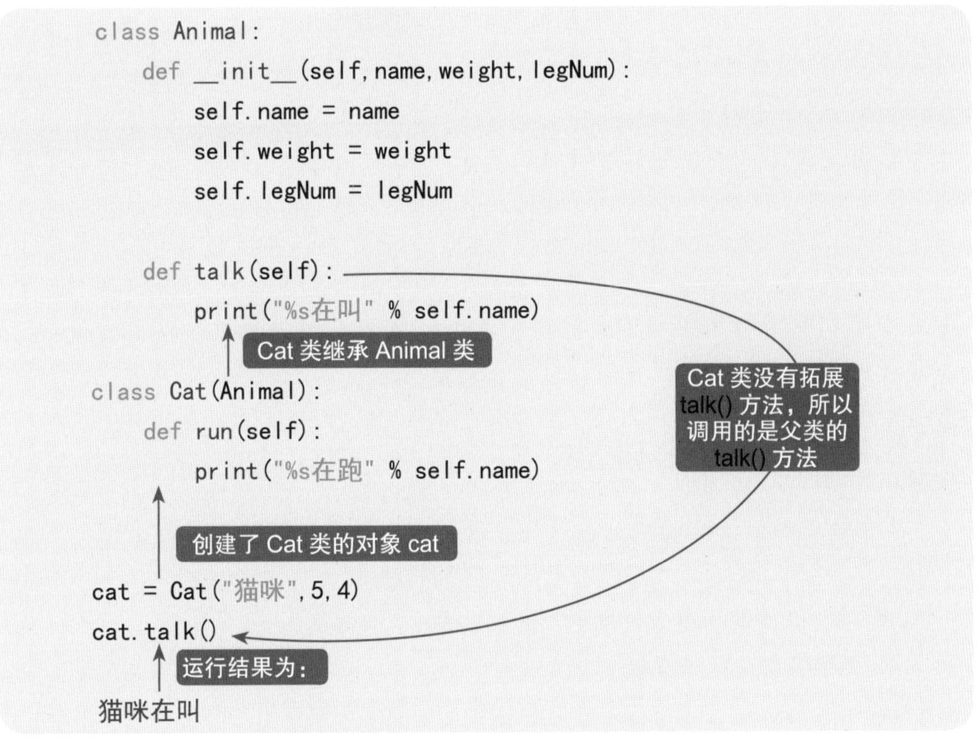
Cat 类继承 Animal 类
Cat 类没有拓展talk() 方法，所以调用的是父类的talk() 方法
创建了 Cat 类的对象 cat
运行结果为：
猫咪在叫

```
class Animal:
    def __init__(self,name,weight,legNum):
        self.name = name
        self.weight = weight
        self.legNum = legNum

    def talk(self):
        print("%s在叫" % self.name)

class Cat(Animal):
    def run(self):
        print("%s在跑" % self.name)

cat = Cat("猫咪",5,4)
cat.talk()
```

5 在主程序中，不同子类的对象调用了同样的**talk()**方法，程序却打印出了不同的结果，这就是多态。相同的函数，针对不同的子类实例，拥有不同的形态，不同的行为。

## 8.7 类与对象小结

（1）创建类的语法：

```
class 类名:
    属性和方法定义
```

（2）创建类的实例对象的语法：

对象名= 类名()

（3）对象属性：

①通过**对象名.属性名 = 具体属性**设置对象的具体属性。

②通过**对象名.属性名**来获取。

③通过__init__()方法来初始化属性。

（4）在类中，动作是通过函数来定义的。

（5）类的三个特性：

①封装性：类可以将数据和逻辑封装起来，使用的人并不关心具体的逻辑，调用类提供的方法完成相应的操作就可以了。

②继承性：通过继承我们可以使用原有类的所有功能，并且在原有类的基础上进行拓展。

③多态性：通过继承来体现。对象会因为从属于不同的子类，调用相同的父类方法，体现出不同的形态。

## 8.8 类与对象小挑战

（1）创建一个王者荣耀的**英雄类**，具有**名字**属性、**皮肤**属性、**血量**属性、**技能**属性。

（2）选一个你喜欢的英雄创建**英雄类**的对象。

（3）为**英雄类**创建**释放技能**方法。

（4）分别创建**智力型英雄类**、**力量型英雄类**、**敏捷型英雄类**作为**英雄类**的子类。

（5）针对不同的子类：**智力型英雄类**、**力量型英雄类**、**敏捷型英雄类**作为**英雄类**，拓展**释放技能**方法。

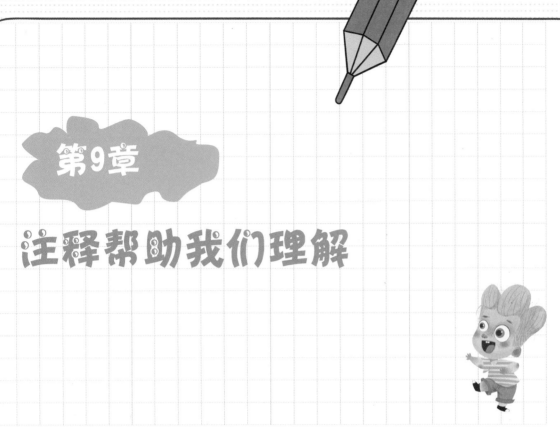

# 第9章

# 注释帮助我们理解

A程序员问：“你写程序的时候最讨厌什么？”

B程序员答：“最讨厌写注释。”

A程序员问：“你看程序的时候最讨厌什么？”

B程序员答：“最讨厌别人的程序没有注释。”

写程序时，我们需要克服自己讨厌的，不做别人讨厌的。这样才是一名优秀的编程勇士。其实写注释也没那么讨厌，注释可以帮助我们理解代码，唤起程序思路的记忆，还能帮助他人快速看懂我们编写的代码。

在程序代码中，特别是团队合作开发的程序代码，因为每个人的编程习惯都不一样，所以为了让别人能更好地看懂和理解代码，我们经常会用到注释。

注释简单理解为注明并解释，就是对于代码的创建者、创建时间、代码功能以及代码实现的说明。接下来我们来学习Python中的注释吧。

优秀的编程勇士，写程序一定要记得写注释哦。

## 9.1 第 51 课：如何创建注释

注释有那么多的好处，但是要如何创建注释呢？这就是今天的主要任务了。

Python中的注释分为单行注释和多行注释。

### 1. 单行注释

单行注释以#开头，后面加上注释内容。

单行注释可以作为单独的一行放在被注释的代码上面，也可以放在代码后面。

无注释的代码是这样的：

```
print("Hello World!")
```

有注释的代码是这样的：

```
print("Hello World!")          #输出Hello World!
```

依次单击菜单栏Run→Run Module选项来运行程序，程序运行结果如下：

```
Hello World!
```

上面第一段程序是没有注释的，第二段是有注释的，它们得到了相同的结果。正确的注释不会对我们的程序运行产生任何影响。

```
print("Hello World!")          #输出Hello World!
```

这是在代码的后面加上了注释。如果想要在被注释代码的上面增加注释，要怎么做呢？我们来试试。

代码上面有注释是这样的：

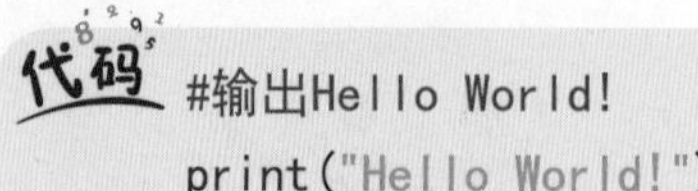

```
#输出Hello World!
print("Hello World!")
```

### 2. 多行注释

很多时候一行注释写不明白，我们需要使用多行注释。

那么添加多行注释要怎么做呢？聪明的你是不是想到了可以使用上面的单行注释来完成？

代码

```
#创建者：凤飞老师
#创建时间：2023-03-11
#功能说明：输出Hello World!
print("Hello World!")
```

依次单击菜单栏Run→Run Module选项来运行程序，程序运行结果如下：

```
Hello World!
```

在程序中，用多个#给代码加上了3行注释。

Python多行注释还有另一种写法，就是使用3个单引号或者双引号。

#### 3个单引号

```
'''
创建者：凤飞老师
创建时间：2018-09-24
功能说明：输出Hello World!
'''
print("Hello World!")
```

依次单击菜单栏Run→Run Module选项来运行程序，程序运行结果如下：

```
Hello World!
```

3个双引号

```
"""
创建者：凤飞老师
创建时间：2018-09-24
功能说明：输出Hello World!
"""
print("Hello World!")
```

依次单击菜单栏Run→Run Module选项来运行程序，程序运行结果如下：

```
Hello World!
```

## 9.2 添加注释的“要”与“不要”

添加注释**要**明确说明代码实现的功能。

```
#说 ☒这个注释不清楚，只有一个“说”字，没有表达函数的具体作用
def tell(name):
    print("%str记得明天要7点钟之前来到教室。"%name)
    print("记得要擦干净黑板。")
    print("记得打扫教室，并且将垃圾篓的垃圾倒掉。")
    print("将同学们提交的作业送到老师的办公室里。")
```

1. 在程序中，定义了一个tell()函数，在tell()函数的上面写了一行注释#说，☒这个注释不清楚，只有一个“说”字，没有表达函数的具体作用。
2. 注释**要**详细表达函数的作用，这个注释我们来改改。

```
#班长给值日生安排任务的函数 ☑看注释就可以明白它的作用。
def tell(name):
    print("%str记得明天要7点钟之前来到教室。"%name)
    print("记得要擦干净黑板。")
    print("记得打扫教室，并且将垃圾篓的垃圾倒掉。")
    print("将同学们提交的作业送到老师的办公室里。")
```

在程序中，定义了tell()函数，在tell()函数的上面写了一行注释：#班长给值日生安排任务的函数，很具体地表达了函数的作用。

添加注释的时候需要注意几个不要：

（1）**不要**每行代码都写注释。

比如刚刚的例子：

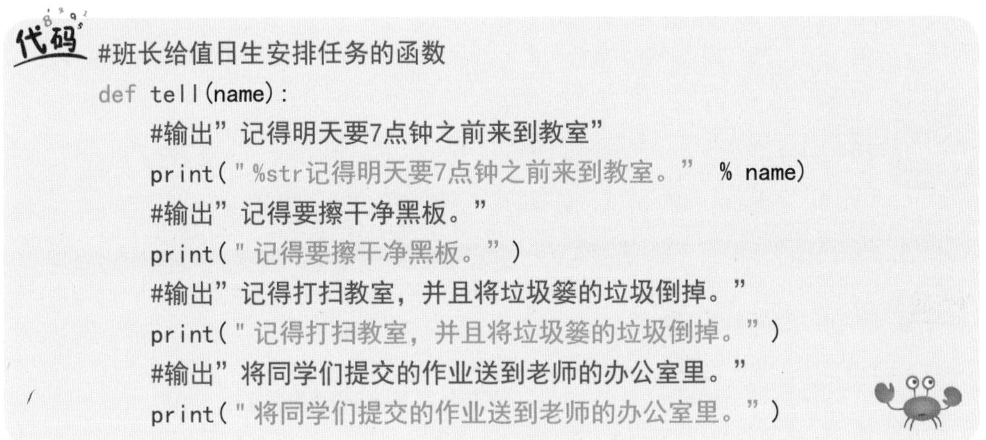

代码

```
#班长给值日生安排任务的函数
def tell(name):
    #输出"记得明天要7点钟之前来到教室"
    print("%str记得明天要7点钟之前来到教室。" % name)
    #输出"记得要擦干净黑板。"
    print("记得要擦干净黑板。")
    #输出"记得打扫教室，并且将垃圾篓的垃圾倒掉。"
    print("记得打扫教室，并且将垃圾篓的垃圾倒掉。")
    #输出"将同学们提交的作业送到老师的办公室里。"
    print("将同学们提交的作业送到老师的办公室里。")
```

在程序中，从第2行到最后一行，都是在打印，这样很容易就能看明白的代码就没有必要每一行都写注释了。

（2）**不要**写废话，简单明了就可以了。

（3）**不要**写错误的注释，写注释一定要认真，错误注释会给自己和别人带来困扰。

（4）**不要**把真正的代码给注释掉了。

代码

```
#输出Hello World!
#print("Hello World!")
```

如果是这样那就糟糕了，你把真实的代码print("Hello World!")也给注释掉了，那么程序将什么都没有了。

## 9.3 注释回顾

（1）单行注释：通过#在代码后面或者上面添加注释。

（2）多行注释：通过单引号或者双引号添加注释。

（3）注释的要与不要。

## 9.4 添加注释

理解这段代码，并给它添加注释，让别人看了你的注释就能理解这段代码。

代码

```
def mul(num1,num2):
res = num1 * num2
    global tip                  #强制tip是全局变量的tip
    tip= "在乘法函数中修改值"
    print(tip)
    return res

tip="我是主函数中定义的变量"
result = mul(4,5)
print("乘法的结果为:")
print (result)
print(tip)
```

# 第10章

# 警报，警报，发现异常

Python程序执行过程中会遇到各种各样的问题，程序会报错、中断执行。就好比电动玩具突然停止了，显然玩具出现故障了。这时玩具屏幕上出现提示：“电量不足，请充电。”有了这段提示，我们就能快速定位问题。

我们不仅要能读懂Python的错误提示，同时也需要为我们的程序设置合适的异常提醒。这里把异常处理称为守护者。

## 10.1 第 52 课：阅读错误

### 阅读异常

有这样一段代码，它要将列表中的最后一个数字打印N遍，N等于列表的长度。但是这段代码有3处错误，一起通过报错来排查它们。

**1**

```
nums = [1, 2, 3, 4, 5, 6, 7, 8, 9, 10]
for num in nums
    print nums[10]
```

运行程序报错：SyntaxError expected '：'(语法错误，红色位置应为：)。

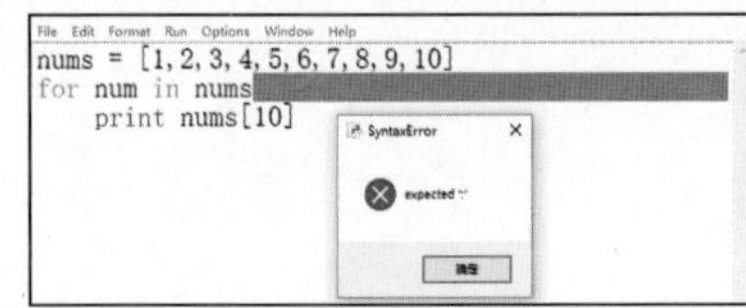


**2** 给for循环加上:。

```
nums = [1, 2, 3, 4, 5, 6, 7, 8, 9, 10]
for num in nums:
    print nums[10]
```

运行程序报错：SyntaxError Missing parentheses is call to 'print'. Did you mean print(...)?（缺少括号是对print的调用。你指的是print（…）函数吗？）

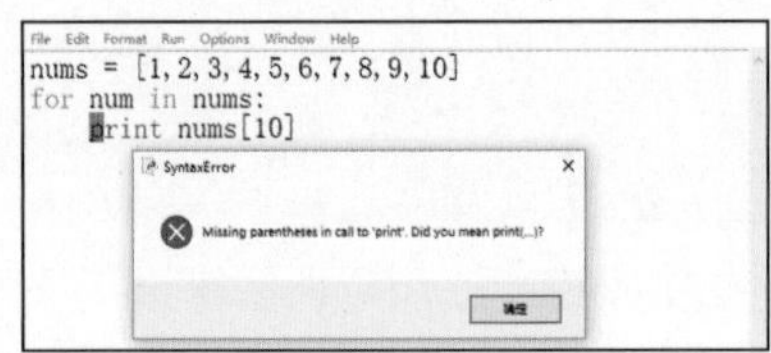


**3** 给print函数加上()。

```
nums = [1, 2, 3, 4, 5, 6, 7, 8, 9, 10]
for num in nums:
    print(nums[10])
```

运行程序报错：IndexError：list index out of range（索引错误:列表索引超出范围）。列表的索引是从0开始的，最后一个数字的索引是9。

**4** 调整索引：

```
nums = [1, 2, 3, 4, 5, 6, 7, 8, 9, 10]
for num in nums:
    print(nums[9])
```

运行程序一切正常。

异常守护者通常可以帮助我们发现异常，并定位提示异常问题，而不让程序运行奔溃。

## 10.2 第 53 课：异常的守护者

### 异常处理

除法计算器的异常处理：

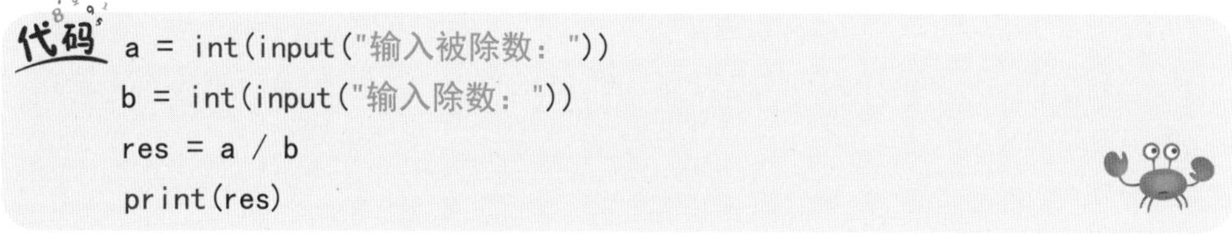

```
a = int(input("输入被除数："))
b = int(input("输入除数："))
res = a / b
print(res)
```

单击菜单栏Run→Run Module选项来运行程序，程序运行结果如下：

```
输入被除数：78
输入除数：2
39.0
```

如果除数等于0，程序运行结果是什么呢？

程序报错了。

```
输入被除数：78
输入除数：0
ZeroDivisionError: division by zero
```

除数输入0，在进行运算的时候，程序报错了。

错误的原因是：ZeroDivisionError: division by zero，因为除数不能为0。

这个错误原因导致程序崩溃，不能继续执行了。

这就需要“异常”出场来保卫编程世界的正常运行。我们近距离地看看“异常守护者”。

## 1. try-except 代码块

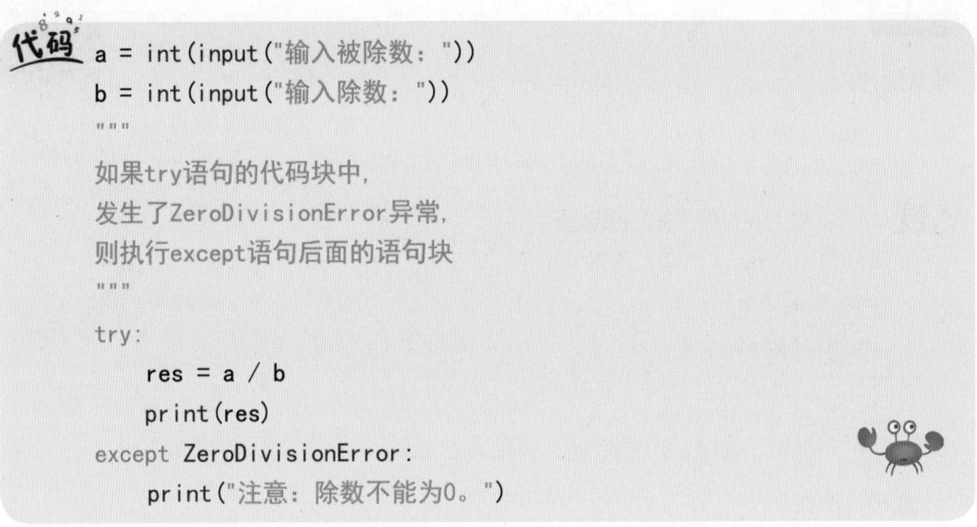

代码

```python
a = int(input("输入被除数: "))
b = int(input("输入除数: "))
"""
如果try语句的代码块中,
发生了ZeroDivisionError异常,
则执行except语句后面的语句块
"""
try:
    res = a / b
    print(res)
except ZeroDivisionError:
    print("注意: 除数不能为0。")
```

依次单击菜单栏Run→Run Module选项来运行程序，程序运行结果如下：

```
输入被除数：36
输入除数：0
注意：除数不能为0。
```

Zero 翻译成中文是 0，Division 翻译成中文是除法，Error 翻译成中文是错误。组合在一起就是除数为 0 的错误。

（1）程序中使用了try-except代码块。

- 通过try-except代码块捕获异常并进行处理。
- try-except代码块用来检测try语句块中的错误，从而让except语句捕获异常信息并处理。

try-except代码块的语法是：

```
try:
<代码块>                #如果try语句后的代码块发生异常
except 异常类名称:      #捕获对应异常类名称的异常
<代码块>                #捕获到异常后执行
```

（2）在上述程序中，try语句后的语句块为：

```
res = a / b
print(res)
```

当这段代码出现ZeroDivisionError错误的时候，会被except语句捕获，然后执行except语句后面的代码块：

```
print("注意：除数不能为0。")
```

（3）ZeroDivisionError是异常守护者中的一员。异常守护者有很多成员，它们家族等级制度森严。

BaseException是守护者的老大，它是所有异常的基类。

每个守护者都是一个类，它们的等级是由继承关系决定的，例如ZeroDivisionError的父类是Exception，那么Exception异常的地位比ZeroDivisionError高，战斗力更强，不仅能处理ZeroDivisionError能处理的异常，还能处理ZeroDivisionError不能处理的异常。

异常很奇怪，一起探究一下它们里面到底有什么吧。

想要知道当前异常的内容，不妨将它打印出来。

我想知道异常里面是什么东西。

代码
```
import traceback
a = int(input("输入被除数："))
b = int(input("输入除数："))
try:
    res = a / b
    print(res)
except ZeroDivisionError as e:
    print(e)
```

程序运行结果如下：

```
输入被除数：1
输入除数：0
division by zero
```

在程序中，通过print(e)将异常类的内容打印出来了。

## 2. try-except-else代码块

try-except代码块用来处理程序中可能出现的异常，将可能发生异常的代码放到try代码块中。Python还提供了try-except-else代码块，将没有异常的时候要执行的代码块放到else后面。

我们来改造除法程序。

代码
```
try:
    a = int(input("输入被除数："))
    b = int(input("输入除数："))
    res = a / b
except ValueError as e:
    print(e)
except ZeroDivisionError as e:
    print(e)
else:
    print(res)
```

程序运行结果如下：

```
输入被除数：12
输入除数：2
```

```
6.0
```

（1）在程序中，我们使用了try-except-else代码块，将在没有异常时需要执行的任务写在else后面。

语法如下：

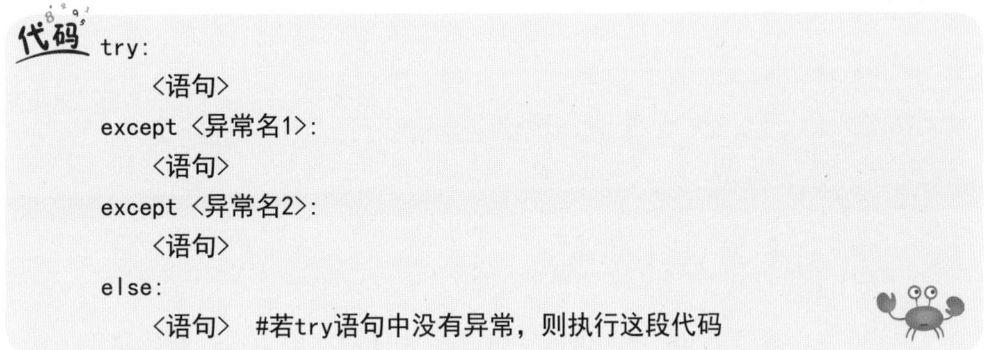

```
try:
    <语句>
except <异常名1>:
    <语句>
except <异常名2>:
    <语句>
else:
    <语句>  #若try语句中没有异常，则执行这段代码
```

（2）运行程序，输入被除数12，除数2，程序运行正常，没有出现异常。所以执行else后面的语句print(res)，将结果打印在屏幕上。

### 3. try-finally 代码块

当有人触电或者因电路引发火灾时，我们就需要立即关闭总电闸。

触电和电路着火，我们都可以看作异常的发生，虽然发生了异常，但是有些事情必须去做，比如关掉总电闸。

在程序中，也有类似的情况，无论是否发生异常，都要执行的代码。就像上学一样，不会因为刮风或者下雨就停止。

假设无论我们的除法程序是否正常退出或者发生异常，我们都要说一句“我进行了除法运算”。要怎么写这个程序呢？

```
try:
    a = int(input("输入被除数："))
    b = int(input("输入除数："))
    res = a / b
except ValueError as e:
    print(e)
except ZeroDivisionError as e:
    print(e)
finally:
    print("我进行了除法运算")
```

无异常运行

输入被除数12，除数4，程序运行结果如下：

```
输入被除数：12
输入除数：4
我进行了除法运算
```

发生异常运行

输入被除数12，除数0，程序运行结果如下：

```
输入被除数：12
输入除数：0
division by zero
我进行了除法运算
```

（1）程序中使用了try-finally，定义了无论是否发生异常，都要执行的代码块print("我进行了除法运算")。

语法如下：

```
try:
        <语句>
finally:
        <语句>          #无论是否出现异常，都要执行
```

（2）从程序运行结果可以看出，除法函数出现异常的时候和正常执行的时候，都执行了finally后面的代码print("我进行了除法运算")。

## 10.3 第54课：调试

在Python中，还有一个神器可以帮助我们了解程序的运行，帮助我们解决程序存在的Bug，那就是调试。

调试就是跟踪程序运行，查看程序变量的变化，运用它可以很有效地帮助我们查找程序中的Bug。那么我们怎么使用IDLE进行调试呢？下面就来学习调试。

下面要调试的程序是找出数字中的最大值（调试代码.py）。

代码

```
def max(*nums):
    max = 0
    for num in nums :
        if (num > max):
            max = num
    return max

maxNum = max(4, 5, 23, 22, 1, 89, 455, 360, 888, 222, 111)
print("最大值是:")
print (maxNum)
```

调试准备工作：

（1）依次单击IDLE菜单栏File→New File选项，新建一个文件。

（2）编写上面的代码，依次单击IDLE菜单栏File→Save选项将文件保存为max.py。

小贴士

调试的过程中，会出现3个页面，大家要按照步骤切换到相应的界面哦，不然就找不到相应的菜单栏了。

仔细看好每个页面的样子，注意它们菜单栏的区别。

- 调试代码.py代码界面。

```
File  Edit  Format  Run  Options  Window  Help
def max(*nums):
    max = 0
    for num in nums :
        if (num > max):
            max = num
    return max

maxNum = max(4, 5, 23, 22, 1, 89, 455, 360, 888, 222, 111)
print("最大值是:")
print (maxNum)
```

- Python Shell界面。

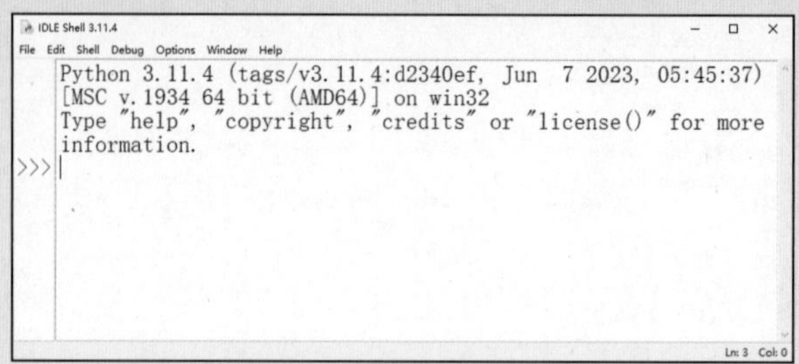


- 代码调试窗口。

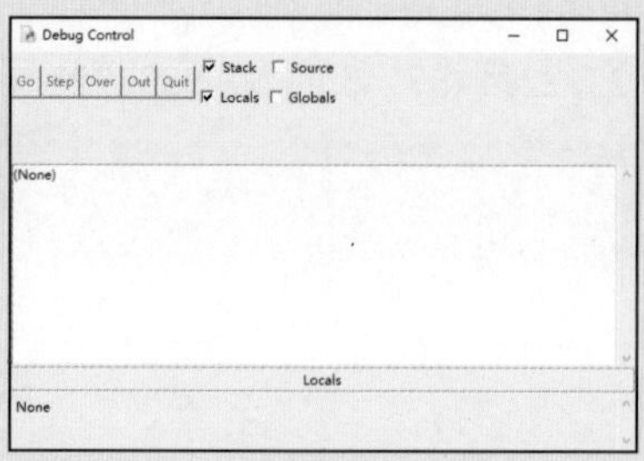


哇，感觉复杂起来了，不过我喜欢挑战。

正式开始我们的调试之旅。

**1** **在调试代码.py**文件中，把鼠标放在要设置断点的代码上并右击，可以看到set Breakpoint（设置断点）和clear Breakpoint（清除断点）。断点就是调试过程中程序要停止的地方。

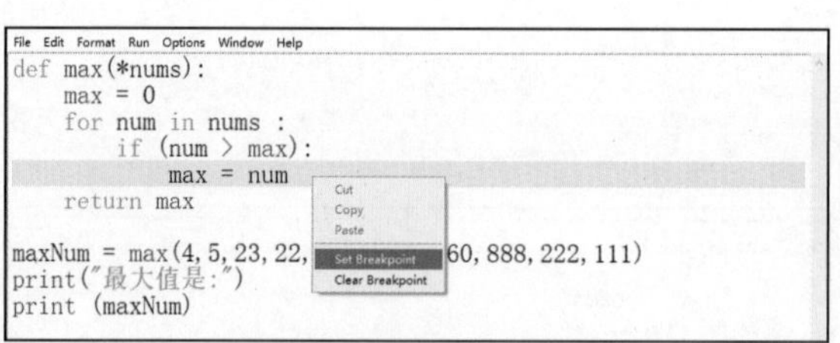


**2** **在调试代码.py**文件中，在max()函数中的max = num和主程序中的maxNum = max(4,5,23,22,1,89,455,360,888,222,111)这两行代码处设置断点。

设置成功后，这两行会出现黄色背景。

```
File  Edit  Format  Run  Options  Window  Help
def max(*nums):
    max = 0
    for num in nums :
        if (num > max):
            max = num
    return max

maxNum = max(4, 5, 23, 22, 1, 89, 455, 360, 888, 222, 111)
print("最大值是:")
print (maxNum)
```

3 依次单击菜单栏Run→Python Shell选项。

```
File  Edit  Format  Run  Options  Window  Help
                     Run Module          F5
                     Run... Customized   Shift+F5
                     Check Module        Alt+X
                     Python Shell
def max(*nums):
    max = 0
    for num in nums :
        if (num > max):
            max = num
    return max

maxNum = max(4, 5, 23, 22, 1, 89, 455, 360, 888, 222, 111)
print("最大值是:")
print (maxNum)
```

4 进入Python Shell界面。

```
IDLE Shell 3.11.4
File  Edit  Shell  Debug  Options  Window  Help
Python 3.11.4 (tags/v3.11.4:d2340ef, Jun  7 2023, 05:45:37)
[MSC v.1934 64 bit (AMD64)] on win32
Type "help", "copyright", "credits" or "license()" for more
information.
>>>
                                                  Ln: 3  Col: 0
```

5 在Python Shell界面中，依次单击菜单栏Debug→Debugger选项。

```
IDLE Shell 3.11.4
File  Edit  Shell  Debug  Options  Window  Help
                   Go to File/Line
                   Debugger
                   Stack Viewer
                   Auto-open Stack Viewer
Python 3.11.4 (tags/v3.11.4:d2340ef, Jun  7 2023, 05:45:37)
[MSC v.1934 64 bit (AMD64)] on win32
Type "help", "copyright", "credits" or "license()" for more
information.
>>>
                                                  Ln: 3  Col: 0
```

6 弹出调试窗口。

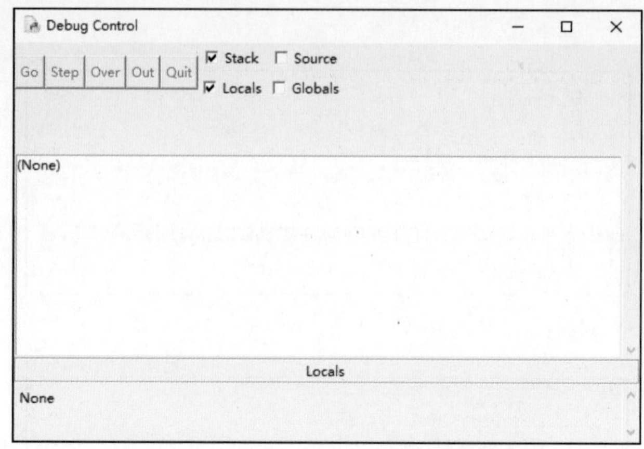


7 勾选以下4个复选按钮，表示在调试界面要展示的内容。

- Stack：程序的堆栈调用层次。
- Locals：查看程序中的局部变量的变化。
- Source：跟进源程序，就是显示当前运行到哪一行代码。
- Globals：查看程序中的全局变量的变化。

在调试窗口中，有很多按钮，分别说明一下。

- Go：单击Go按钮将使程序正常执行直至终止，但是如果设置了断点，则会停在断点处。
- Step：单击Step按钮，使程序执行下一行代码，然后暂停，非常适合一行一行运行程序进行检查。如果全局变量或者局部变量的值发生了变化，则会在相应区域展示。如果下一行是一个函数调用，则会跳转到函数的第一行代码。
- Over：单击Over按钮，和Step按钮一样，执行下一行代码。不同的是，如果下一行代码是函数调用，则不会进入函数内部，直接执行主程序中的函数调用语句，获取函数返回结果。
- Out：如果使用Step按钮进入了一个函数，可以使用Out按钮从当前函数跳出来，直接回到主程序中调用函数的地方。
- Quit：Quite按钮将马上终止该程序。如果需要完全停止调试，不必继续执行剩下的程序，就单击Quit按钮。

8 在Python Shell界面上出现了DEBUG ON，说明已经进入了调试模式。

>>> [DEBUG ON]

9 切换到max.py文件中，依次单击菜单栏Run→Run Module选项，会看到调试器暂停在文件的第一行。

执行的当前代码行背景会变成灰色。

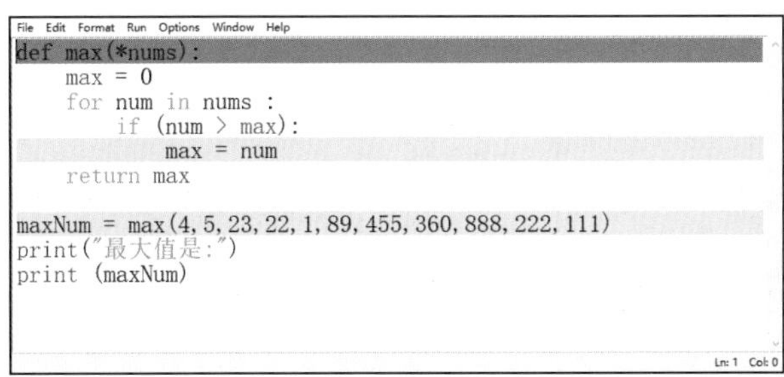

同时，在**调试窗口**中展示了堆栈信息以及globals全局变量信息。在globals中你会发现一些没有定义过的全局变量，例如__builtins__、__doc__、__file__等，它们都是Python在运行程序时自动设置的变量。

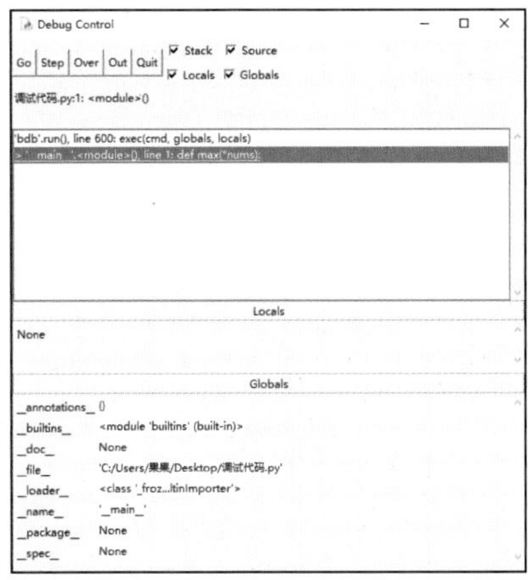

10 程序暂停在第一行，直到我们单击以下5个按钮中的一个：Go、Step、Over、Out或Quit才会有变化。

11 下面我们来试试Step按钮的效果。大家可以尝试一下其他按钮。

**第一行**

单击Step按钮，程序跳转到主程序的第一行。

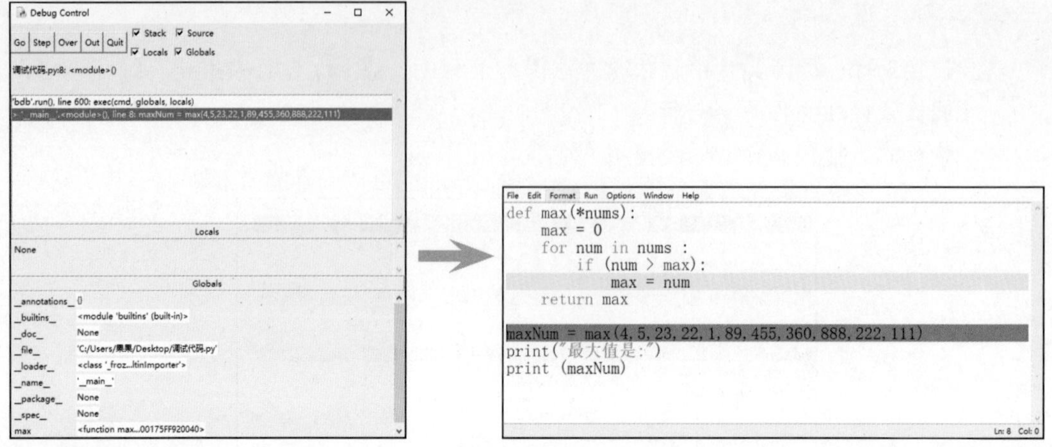


### 第二行

在主程序的第一行调用了max()函数，所以继续单击Step按钮，会跳转到max()函数的第一行。

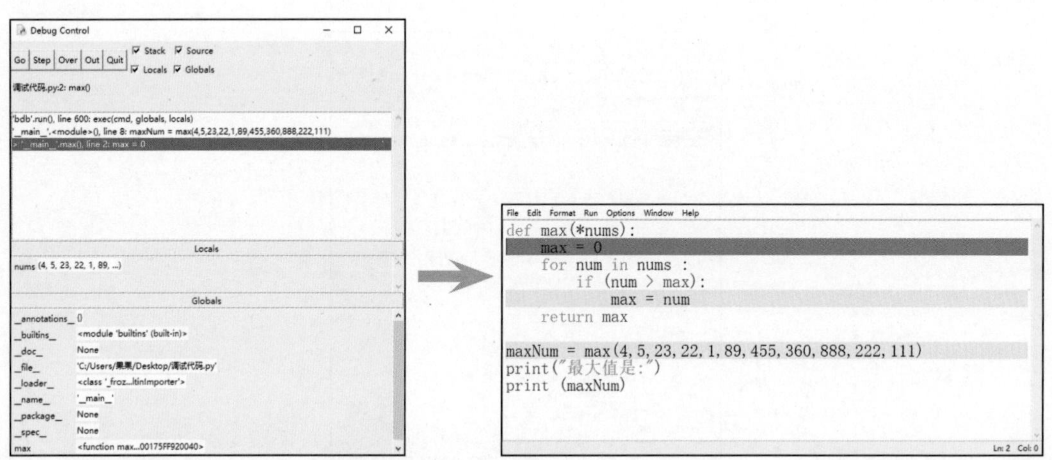


同时调试窗口中展示了局部变量nums的值为(4, 5, 23, 22, 1, 89, 455, 360, 888, 222, 111)。

### 第三行

接着单击Step按钮，会继续一行一行往下执行，这次执行的代码为for num in nums:。

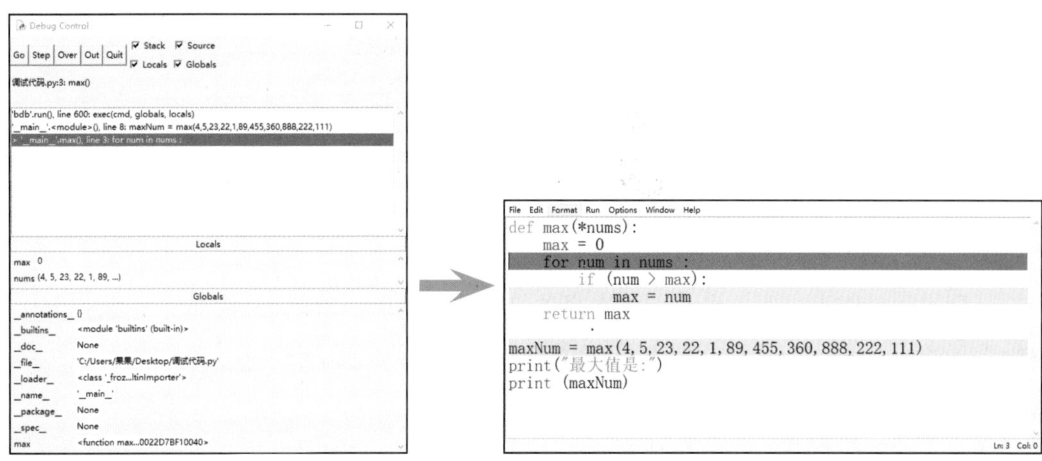


在调试窗口中增加了局部变量max=0。

### 第四行

接着单击Step按钮，会继续一行一行往下执行，这次执行的代码为if num > max，对比num和max的大小。

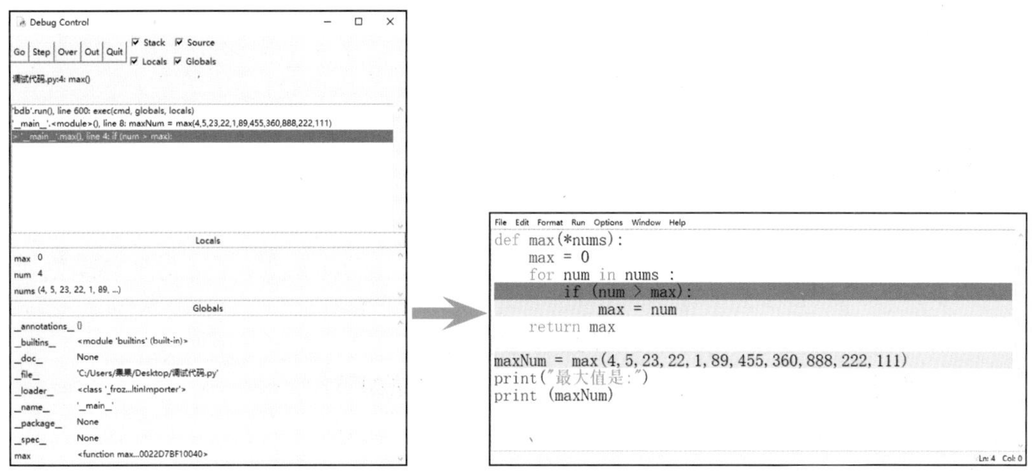


在调试窗口中可以看到，增加了num变量的值为4。

### 第五行

接着单击Step按钮，会继续一行一行往下执行。

直至程序执行完成。调试结束在Python Shell中会有DEBUG OFF标识。

设置的断点好像没有用上，那么断点是用来做什么的呢？

观察得很仔细呢，因为我们刚刚选择的是Step按钮，所以代码是一步一步执行的，很多步骤感觉对调试程序没有帮助，设置的断点也没有派上用场。

**运用断点**

如果要调试的程序代码量特别大，就不可能使用Step按钮一步一步地执行代码查看程序的变化，这时可以选择使用Go按钮，查看指定代码行的程序和具体数据的变化。

单击Go按钮，设置的断点就派上用场了，程序会停在断点的位置，可以更加方便地观察程序在断点处的变化。

## 10.4 异常与调试小结

（1）try-except代码块捕获异常，语法如下：

```
try:
    <语句>
except 异常类名称:
    <语句>
```

（2）使用traceback模块打印详细的异常信息。

（3）使用try-except代码块捕获多个异常，语法如下：

```
try:
    <语句>
except (<异常名1>, <异常名2>, …):
    <语句>
```

（4）使用try-except-else代码块将没有异常时需要做的事情写在else后面。语法如下：

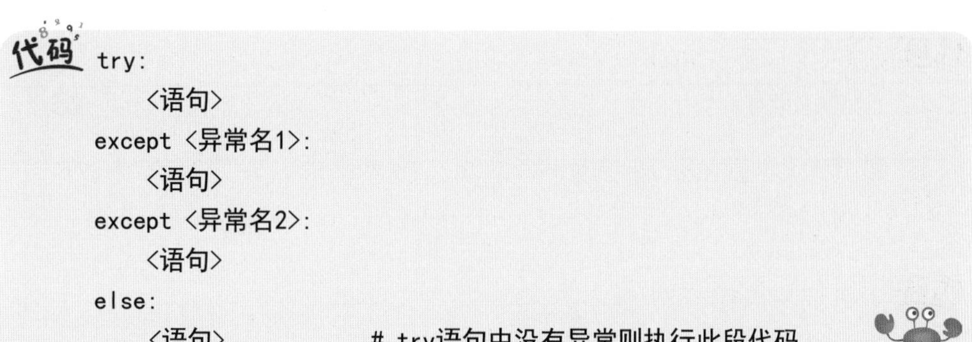

```
try:
    <语句>
except <异常名1>:
    <语句>
except <异常名2>:
    <语句>
else:
    <语句>              # try语句中没有异常则执行此段代码
```

（5）使用**try-finally**定义了无论是否发生异常，都要执行的代码块**print("我进行了除法运算")**。语法如下：

```
try:
        <语句>
finally:
        <语句>  #无论是否出现异常，都要执行
```

（6）通过raise语句显式地抛出异常，语法如下：

```
raise Exception(args)
```

（7）自定义异常类。

（8）学习调试程序。

## 10.5 异常与调试小挑战

（1）以下代码会抛出异常，请使用Python异常处理捕获异常，并且输出提示：**索引超出数组范围了**。

```
nums = [1, 3, 433, 34, 22, 76, 88]
print(nums[7])
```

（2）当输入的年龄小于0的时候，是不对的，手动触发一个异常，并且提示：年龄一定是大于0的哦。

代码

```
age = input("请输入你的年龄：")
print (age)
```

（3）调试**比大小**算法，看看Python是怎么比大小的，注意观察a和b的数值变化。

代码

```
a =input("请输入数字a：")
b =input("请输入数字b：")
if(a > b):
  print("a比b大")
elif(b > a):
  print("b比a大")
else:
  print("a等于b")
```

# 第11章

# 汇聚功能的模块

当我组装书架的时候，总会搬出工具箱，拿出里面的螺丝刀，将木板组合起来拧上螺丝，我的书架也就组装完成了。

模块就像工具箱，里面装着各种功能的工具，编写程序的时候可以直接使用。

之前的海龟画图**turtle**，还有随机数random，它们都是模块。有了这些模块，当我们需要画图的时候，就不需要重新编写**turtle**中的功能了，而是直接调用相关功能就可以了。

## 11.1 第 55 课：短信验证码

Python模块就是一个Python文件。创建一个新的Python文件，写入模块功能代码，并保存为**模块名.py**文件，就创建了一个新的模块。

登录小程序或者App经常会遇到短信验证环节，验证码通常是由4个随机数组成的。下面创建个短信验证码模块，实现验证码的生成和核验功能。

验证码是由4个随机数组成的，首先需要解决随机数的生成，然后将4个随机数拼接起来。

Python提供了一个随机数生成模块——**random模块**，通过引用random模块中的randint()函数就能生成随机数。

通过**import**导入模块：import random，完成验证码的生成。

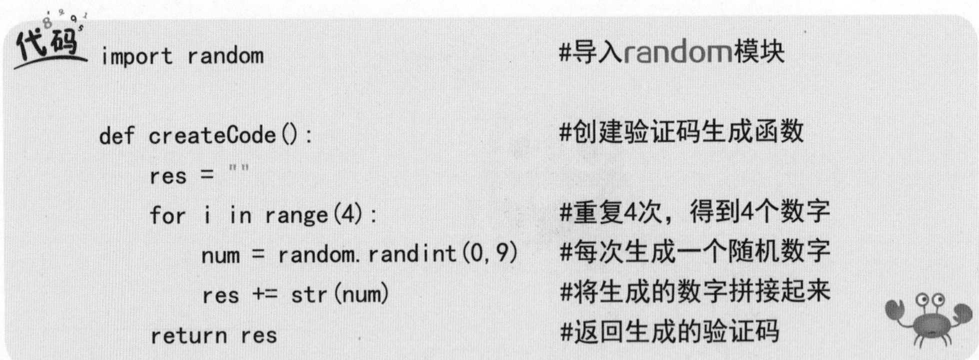
代码

```
import random                           #导入random模块

def createCode():                       #创建验证码生成函数
    res = ""
    for i in range(4):                  #重复4次，得到4个数字
        num = random.randint(0,9)       #每次生成一个随机数字
        res += str(num)                 #将生成的数字拼接起来
    return res                          #返回生成的验证码
```

（1）在程序中，通过**import random**导入了random模块，后面随机数生成需要使用random模块中的工具。

（2）在程序中定义了createCode()方法，主要功能是生成由4个随机数组成的验证码。该方法中通过循环4次调用random.randint()函数随机生成数字，并且通过+将4个数字拼接起来形成验证码。

（3）依次单击菜单栏File→Save选项来保存文件，选择存储位置，将模块命名为verificationCode.py。

验证码生成后，再编写核验的代码。只需要将我们输入的验证码和真实的验证码进行比对，一致则返回True，代表比对成功，不一致则返回False，代表比对失败。

代码

```
def checkingCode(inputCode,realCode):
#核验函数创建两个参数：输入验证码和真实验证码
    res = False                          #初始化核验结果为False
    if(inputCode == realCode):           #如果两个验证码一致
        res = True                       #核验结果调整为True
    return res                           #返回核验结果
```

不敢想象，每次登录要填写的验证码，这么轻松就被我学会了。

## 11.2 第56课：使用验证码模块

verificationCode.py模块创建完成后，使用它发送以及核验验证码。

首先要导入模块，在Python中通过import关键字来导入模块，所以通过import verificationCode导入验证码模块。

**路径扩展**

模块导入需要注意模块文件和程序文件的路径关系。

同一目录，就是两个文件在同一个文件夹里面。

例如，verificationCode.py和短信验证码.py在同一个文件夹procedure中，verificationCode.py和短信验证码.py就是同一目录下的文件。

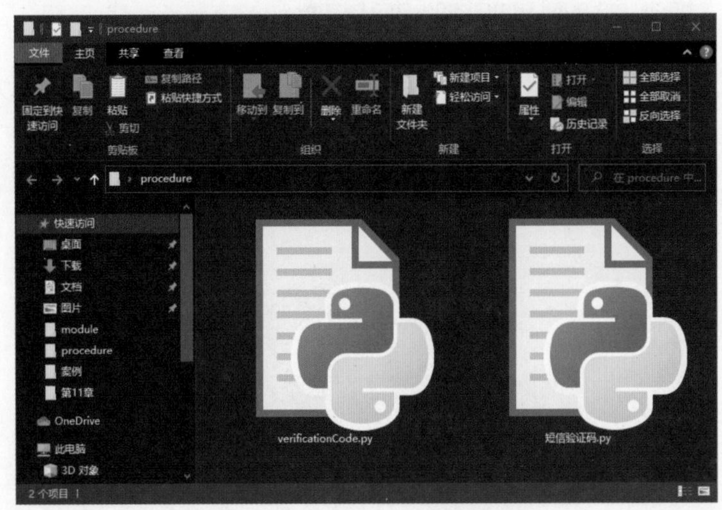


不同目录，就是两个文件在不同文件夹里面。

例如，短信验证码.py在文件夹procedure中，verificationCode.py在文件夹module中，那么短信验证码.py和verificationCode.py在不同文件夹中。

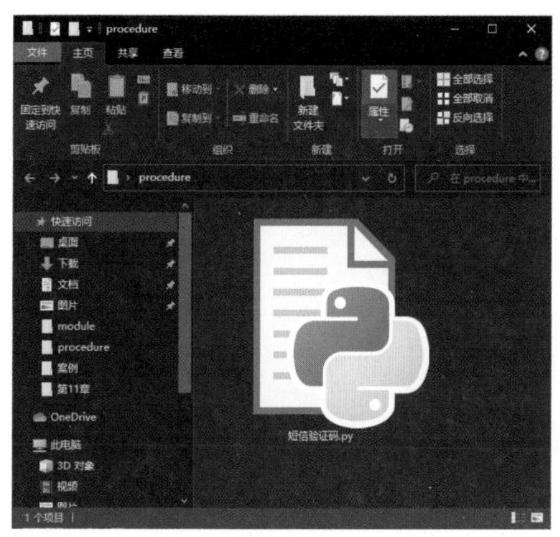


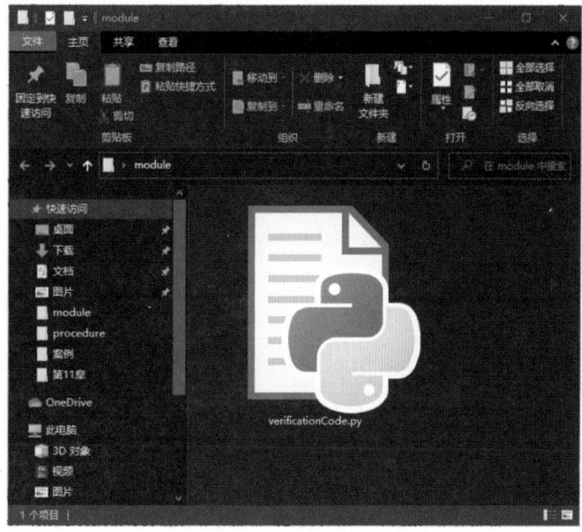


**同一个目录导入模块**

当模块文件和程序文件在同一个目录中时，直接通过import模块名称就可以导入模块了。

```
import verificationCode
```

**不同目录导入模块**

**短信验证码.py**在文件夹procedure中，verificationCode.py在文件夹module中。procedure和module在同一个文件夹中。

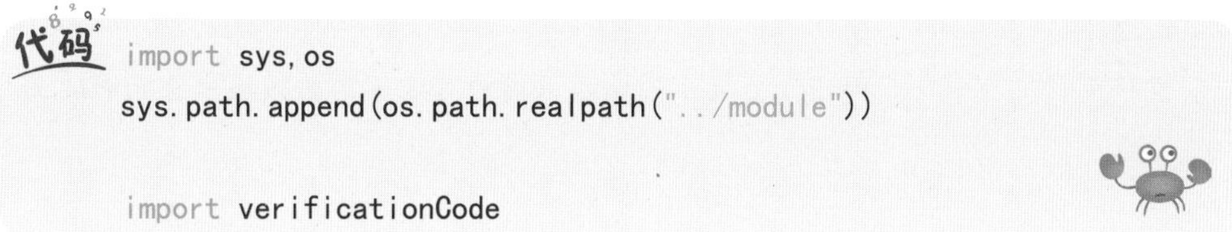

```
import sys, os
sys.path.append(os.path.realpath("../module"))

import verificationCode
```

在程序中导入了不在当前目录下的模块，是怎么做到的呢？

1. 通过import sys,os导入了sys和os模块，os让程序知道了模块文件的位置，通过sys可以访问解释器维护的变量和与解释器交互的函数。
2. sys.path返回的是模块的搜索路径，返回的是一个列表。通过sys.path.append(os.path.realpath("../module"))将要导入的模块添加到搜索路径列表中，让Python解释器能够找到要导入的模块。

3 "../module"为相对路径，通过../回到上一级目录，再进入module目录。

生成验证码

代码
```
code = verificationCode.createCode()
print("您获取的短信验证码是："+code)
```

程序运行结果如下：

```
您获取的短信验证码是：4806
```

通过verificationCode.createCode()调用了verificationCode模块的createCode ()函数，生成了新的验证码。

在程序中调用模块中的函数，需要遵循这个格式：**模块.函数名 ()**。

你知道为什么要这样写吗？

可以直接写createCode ()吗，会发生什么呢？我们一起来试试。

程序运行报错：

```
NameError: name 'createCode' is not defined
```

通过运行结果，我们看到程序报错，错误原因是createCode没有被定义，程序找不到createCode。

小提醒

通过**import模块名称**导入模块后，需要使用模块名.函数名()调用模块中的函数哟。

直接调用函数名()，Python会提示错误的，因为可能不同的模块中有相同的函数名。

除直接使用import来导入模块外，还可以通过from 模块名 import 函数名这种方式，请看代码。

```
from verificationCode import createCode

code = createCode()
print("您获取的短信验证码是："+code)
```

依次单击菜单栏File→Save选项，将程序保存为codeTest.py。然后依次单击菜单栏Run→Run Module选项来运行程序，程序运行结果如下：

您获取的短信验证码是：8300

1 在程序中，通过from verificationCode import createCode导入模块，这是第二种导入模块的方式。语法为：from模块名import函数名。

2 from verificationCode import createCode将createCode()函数导入了当前模块的命名空间中。

3 这样导入后，在程序中通过createCode()直接调用verificationCode模块的createCode()方法，没有报错。

这是因为from verificationCode import createCode将createCode()函数导入了当前模块的命名空间中。在当前的命名空间中就能找到createCode()，不用再去verificationCode模块的命名空间中寻找，所以这里直接使用createCode()函数不会出错。

**对比学习**

（1）import verificationCode把verificationCode模块的命名空间导入，还是独立的命名空间，需要使用verificationCode.createCode()的方式来调用模块中的函数。

（2）from verificationCode import createCode将verificationCode模块中的createCode ()函数导入当前命名空间，直接使用createCode ()就可以调用模块中的函数。

（3）除这两种方式外，还可以通过import verificationCode import *将verificationCode模块中的所有变量或者函数导入进来。但是要注意的是，这种方式将模块中的所有内容都导入进来了，很容易出现冲突。

它们的区别关键在于命名空间。

小贴士

如果模块名称很长，书写很麻烦，可以给导入的模块取一个新名字，通过import verificationCode as vc将verificationCode模块命名为vc，每次使用的时候都可以用vc别名替代verificationCode。

## 11.3 第 57 课：命名空间

日常生活中也有类似命名空间的存在，比如编程学校有2个同学都叫果果，一个在A班，另一个在B班。

当果果的妈妈要找自己孩子的时候，需要先告诉老师孩子在A班还是B班，这样老师才能快速地帮她找到孩子。

这里的A班、B班就可以看作命名空间。

**在学校里找果果**

当我们在学校里找果果的时候，需要说明是哪个班（命名空间）：

A班.果果

B班.果果

**在A班找果果**

只需要直接在班里喊一声就好，因为A班只有一个果果。

### 1. 局部命名空间

每一个函数都有自己的命名空间，称为局部命名空间，记录了函数的变量、函数的参数、局部定义的变量。

在Python中，可以通过**locals()**来访问局部命名空间，一起来看里面到底有什么玄机。

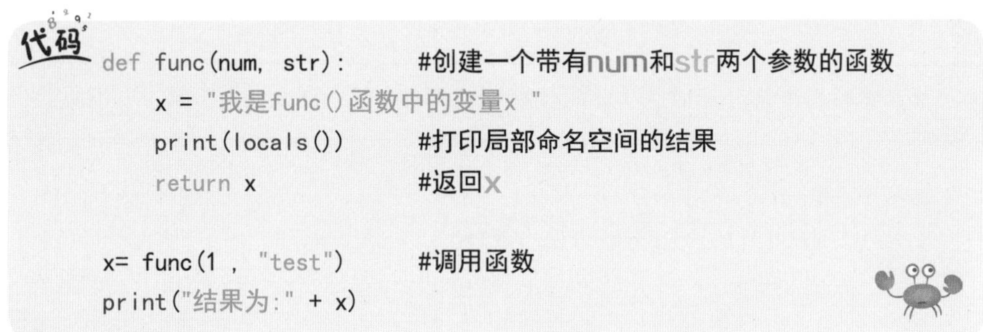

代码

```
def func(num, str):          #创建一个带有num和str两个参数的函数
    x = "我是func()函数中的变量x "
    print(locals())          #打印局部命名空间的结果
    return x                 #返回x

x= func(1 , "test")          #调用函数
print("结果为:" + x)
```

程序运行结果如下：

```
{'num':1,'str':'test','x':'我是func()函数中的变量x'}
结果为：我是func()函数中的变量x
```

（1）在程序中定义了函数**func()**，该函数有两个参数，分别为num和str。在该函数中定义了一个局部变量**x**，并且给x设置了值我是func()函数中的变量x。

（2）在函数中，通过**print(locals())**打印局部命名空间的内容。程序运行结果如下：

{'num': 1, 'str': 'test', 'x': '我是func()函数中的变量x'}

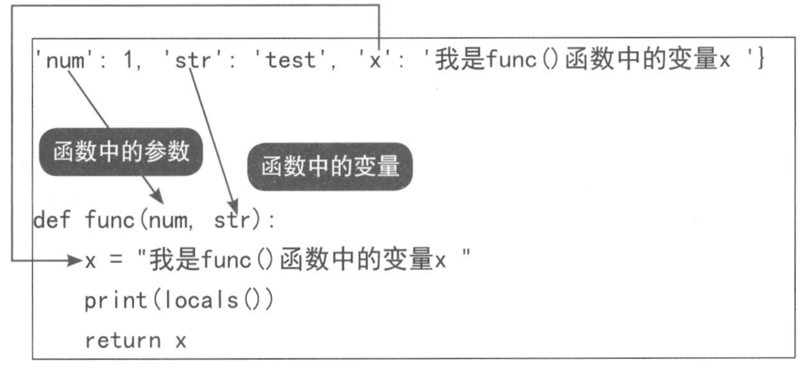


通过上图，就可以很明确地看到局部命名空间包括函数中的参数和函数中的局部变量。

### 2. 全局命名空间

每个模块都有自己的命名空间，称为全局命名空间，记录了模块的变量，包括函数、类、其他导入的模块、模块级的变量和常量。

在Python中，我们可以通过**globals()**来访问全局命名空间，探索看看里面到底装了什么。

> 小贴士
>
> 确保你的文件和verificationCode模块保存在同一个文件夹下哦。

## 11.4 Python 内置标准模块

Python提供了很多模块资源，无须安装即可使用，借助这些模块资源可以完成很多工作，例如操作文件、时间操作、进行数学计算等。

本节我们来学习几个Python内置标准模块。更多的模块可以自己查看官方文档哦。

### math模块

大家应该都学习过加、减、乘、除四则运算，甚至更加复杂的对数、乘方、开方运算。在Python中，要实现这些运算，需要用到math模块。

2的3次方等于多少？

x的平方根怎么计算呢？

这两个问题，通过调用math模块的函数都可以帮我们解决。

2的3次方可以借助math模块中的pow(x,y)函数来计算，pow(x,y)函数的入参分别为x和y。

x的平方根可以借助math模块的sqrt(x)函数来计算。话不多说，代码奉上。

```
import math
res1 = math.pow(2,3)  #调用math模块的pow()函数计算2的3次方
print("2的3次方为:")
print(res1)
res2 = math.sqrt(16)  #调用math模块的sqrt()函数计算16的平方根
print("16的平方根为：")
print(res2)
```

程序运行结果如下：

```
2的3次方为：
8.0
```

16的平方根为：
4.0

1 在程序中，通过import math导入了math模块。
2 通过math.pow(2,3)调用math模块的pow()函数计算2 的3次方。
3 通过math.sqrt(16)调用math模块的sqrt()函数计算16的平方根。

除这两个函数外，math模块中还有很多函数可以帮助我们进行复杂的数学运算。

要查看更多的函数，有多种方法，这里介绍一种方法方便大家自己查看和学习Python模块。

前方高能，可以跳过，若想成为大神，硬着头皮上吧。

1 首先单击链接https://docs.python.org/3/，进入在线文档。

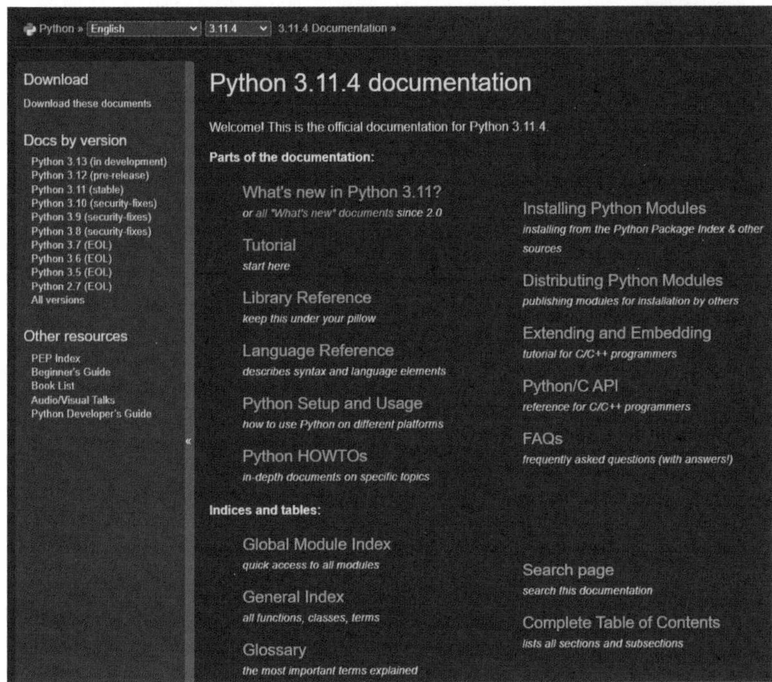


2 根据自己安装的IDLE版本，单击左侧相应版本的文档选项。
3 将在线文档页面往下拉，找到Global Module Index选项。

4 单击Global Module Index，进入Python模块索引页，这里提供了首字母索引。

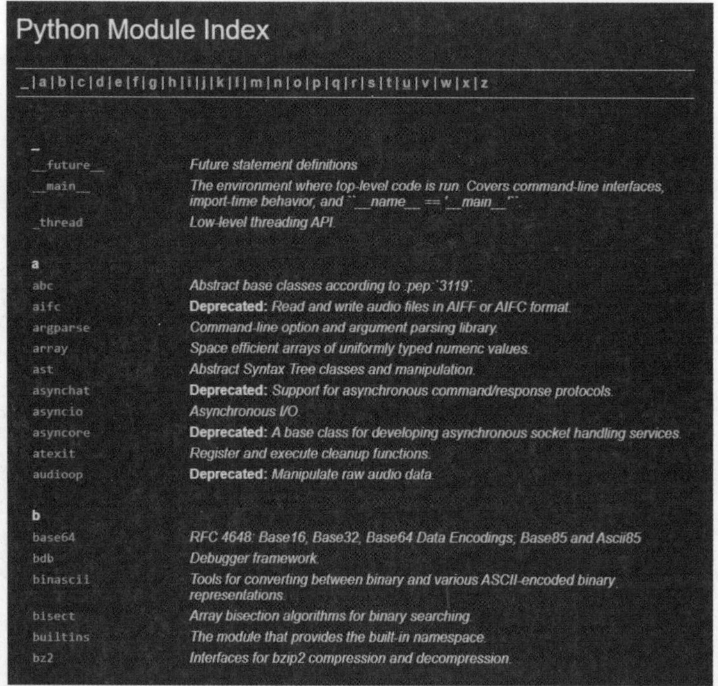

Python Module Index
_ | a | b | c | d | e | f | g | h | i | j | k | l | m | n | o | p | q | r | s | t | u | v | w | x | z
_
__future__ Future statement definitions
__main__ The environment where top-level code is run. Covers command-line interfaces, import-time behavior, and ``__name__ == '__main__'``.
_thread Low-level threading API.
a
abc Abstract base classes according to :pep:`3119`.
aifc Deprecated: Read and write audio files in AIFF or AIFC format.
argparse Command-line option and argument parsing library.
array Space efficient arrays of uniformly typed numeric values.
ast Abstract Syntax Tree classes and manipulation.
asynchat Deprecated: Support for asynchronous command/response protocols.
asyncio Asynchronous I/O.
asyncore Deprecated: A base class for developing asynchronous socket handling services.
atexit Register and execute cleanup functions.
audioop Deprecated: Manipulate raw audio data.
b
base64 RFC 4648: Base16, Base32, Base64 Data Encodings; Base85 and Ascii85
bdb Debugger framework.
binascii Tools for converting between binary and various ASCII-encoded binary representations.
bisect Array bisection algorithms for binary searching.
builtins The module that provides the built-in namespace.
bz2 Interfaces for bzip2 compression and decompression.


5 我们要查找math模块，单击m，跳转到m开头的模块列表处。

| m | |
|---|---|
| mailbox | Manipulate mailboxes in various formats |
| mailcap | **Deprecated:** Mailcap file handling. |
| marshal | Convert Python objects to streams of bytes and back (with different constraints). |
| math | Mathematical functions (sin() etc.). |
| mimetypes | Mapping of filename extensions to MIME types. |
| mmap | Interface to memory-mapped files for Unix and Windows. |
| modulefinder | Find modules used by a script. |
| msilib (Windows) | **Deprecated:** Creation of Microsoft Installer files, and CAB files. |
| msvcrt (Windows) | Miscellaneous useful routines from the MS VC++ runtime. |
| multiprocessing | Process-based parallelism. |

6 单击math模块，就可以看到math模块的详细介绍。

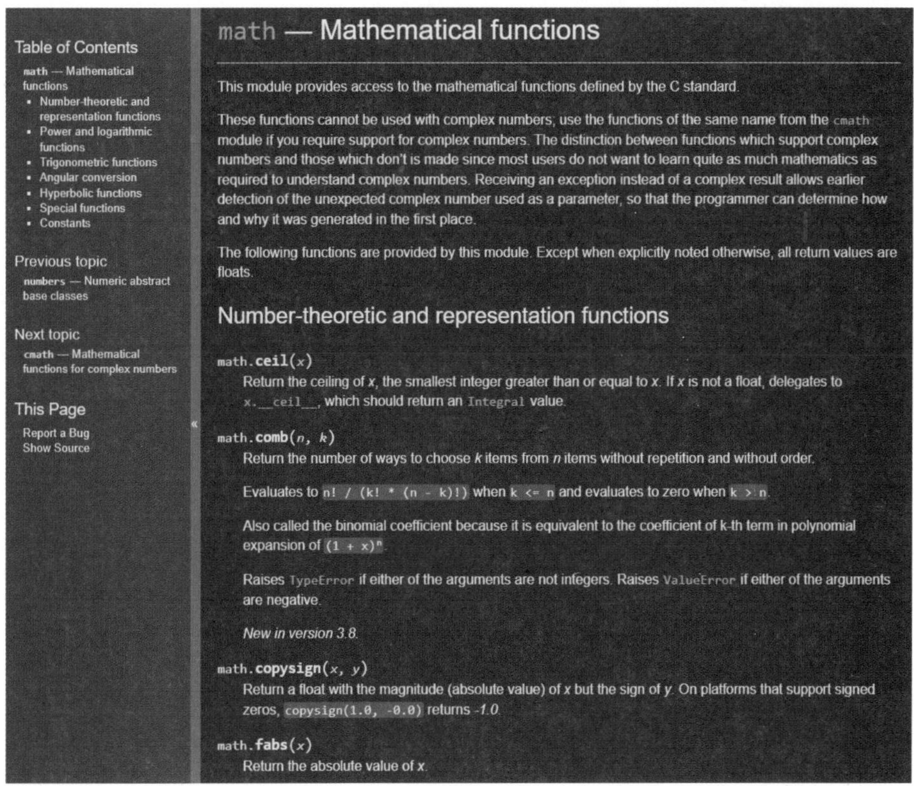

Table of Contents

- math — Mathematical functions
  - Number-theoretic and representation functions
  - Power and logarithmic functions
  - Trigonometric functions
  - Angular conversion
  - Hyperbolic functions
  - Special functions
  - Constants

Previous topic

numbers — Numeric abstract base classes

Next topic

cmath — Mathematical functions for complex numbers

This Page

Report a Bug
Show Source

math — Mathematical functions

This module provides access to the mathematical functions defined by the C standard.

These functions cannot be used with complex numbers; use the functions of the same name from the cmath module if you require support for complex numbers. The distinction between functions which support complex numbers and those which don't is made since most users do not want to learn quite as much mathematics as required to understand complex numbers. Receiving an exception instead of a complex result allows earlier detection of the unexpected complex number used as a parameter, so that the programmer can determine how and why it was generated in the first place.

The following functions are provided by this module. Except when explicitly noted otherwise, all return values are floats.

Number-theoretic and representation functions

math.ceil(*x*)
Return the ceiling of *x*, the smallest integer greater than or equal to *x*. If *x* is not a float, delegates to x.__ceil__, which should return an Integral value.

math.comb(*n*, *k*)
Return the number of ways to choose *k* items from *n* items without repetition and without order.

Evaluates to n! / (k! * (n - k)!) when k <= n and evaluates to zero when k > n.

Also called the binomial coefficient because it is equivalent to the coefficient of k-th term in polynomial expansion of (1 + x)ⁿ.

Raises TypeError if either of the arguments are not integers. Raises ValueError if either of the arguments are negative.

*New in version 3.8.*

math.copysign(*x*, *y*)
Return a float with the magnitude (absolute value) of *x* but the sign of *y*. On platforms that support signed zeros, copysign(1.0, -0.0) returns *-1.0*.

math.fabs(*x*)
Return the absolute value of *x*.

小贴士

如果你的英文不够好，使用浏览器的翻译插件就可以将它们变成中文了。

## 11.5 模块学习小结

（1）Python模块是一个Python文件。

（2）import 模块名称导入模块。

（3）from 模块名称import 函数名/变量名导入模块中的函数或者变量。

（4）认识命名空间。

（5）每个函数都有自己的命名空间，称为局部命名空间，记录了函数的变量、函数的参数、局部定义的变量。

（6）每个模块都有自己的命名空间，称为全局命名空间，记录了模块的变量，包括函数、类、其他导入的模块、模块级的变量和常量。

（7）内置命名空间包括Python内置函数、内置常量等。

（8）Python内置标准模块：math模块、random模块。

（9）查看在线文档自学Python模块。

## 11.6 模块学习小挑战

（1）编写通讯录模块，该模块可以实现创建通讯录、新增联系人、修改联系人电话、删除联系人、查看通讯录联系人名单功能。

（2）自学Python模块：time模块，并使用其中的函数。

# 第12章 玩转 GUI 编程

计算机上有很多应用软件，这些软件可以帮助我们实现各种功能，例如听音乐、看视频、绘图画等，程序通过交互界面接收我们的指令，按照指令完成相应的工作，再将结果反馈在交互界面。本章我们一起来学习Python中的图形用户界面（Graphical User Interface，GUI）编程。

## 12.1 什么是 GUI 编程

什么是GUI编程呢？GUI是Graphical User Interface的简称，可以称为图形用户界面，是指计算机和用户交互的图形界面。

GUI能够让用户更好地认识和了解程序，了解程序的功能。

在GUI中，用户在人机交互界面上进行操作，通过键盘或鼠标输入指令，同时人机交互界面接收计算机的输出，完成计算机与我们之间的交互。

计算器就是一个GUI，通过这个GUI，我们输入要计算的数字和符号，计算机进行计算之后，会在GUI上显示计算结果。

Python提供了自带的tkinter模块来制作GUI，tkinter模块是Python的标准图形库，使用tkinter模块能进行图形界面设计和交互操作编程。除此之外，还有很多外部模块（需要安装）可以选择，大家感兴趣可以自学哦。

tkinter模块是Python标准安装程序中自带的，所以只要安装好Python就能使用了，不需要重新进行安装。

要使用tkinter模块，首先要将模块导入import Tkinter。

## 12.2 第 58 课：第一个 GUI 程序——根窗口

根窗口是所有组件展示的基础，在创建组件之前，都会先创建一个根窗口。就像我们在画板上画画一样，画板就是我们的根窗口。我们可以在画板上画出喜欢的图案。

tkinter 模块导入好了，要怎么开始 GUI 编程呢?

在Python中，进行GUI创作之前要先指定根窗口。下面我们来学习设定根窗口的方法。

代码

```
import tkinter                          #导入tkinter模块
root = tkinter.Tk()                     #调用Tk()函数创建根窗口

root.title("第一个图形界面")             #设置窗口标题为“第一个图形界面”
root.mainloop()                         #让根窗口持续展示
```

程序运行结果如下：

1. 在程序中，通过import tkinter导入了tkinter模块。
2. 通过tkinter.Tk()，调用tkinter模块的Tk()函数创建根窗口。

3. 通过root.title("第一个图形界面")设置窗口的标题为“第一个图形界面”。

4. 通过root.mainloop()让窗口持续展示。

## 12.3 第 59 课：Label 组件

根窗口创建好了，接下来我们就可以在根窗口上添加内容了。

要添加的第一个组件是Label。这是一个标签，用Label组件可以在根窗口中展示文字或者图片。

还记得我们学习的第一个Python程序是什么吗？

我们用Label组件来和Python说声Hello。Python是不是会很惊喜呢？

一起来动动手，使用Label组件进行创作。

```
import tkinter as tk  #导入tkinter模块，为它取个新名字叫作tk
root = tk.Tk()         #tk.TK()这个函数用于创建根窗口
root.title("我的Label ")      #把它的标题设置为“我的Label”
label = tk.Label(root, text="Hello Python! ",bg="pink")
#创建label组件，设置文本为“Hello World! ”，背景颜色为pink（粉色）
label.pack()           #将Label添加到窗口
root.mainloop()        #让根窗口持续展示
```

依次单击菜单栏Run→Run Module选项来运行程序，运行结果如下：

用一幅图来分析一下这个运行结果。

在以上程序中，我们创建了一个窗口，并在窗口中输出了Hello Python！，具体是

怎么实现的呢？

我们一句一句来分析：

- import tkinter as tk：这句代码大家是不是很熟悉，在模块中刚刚学习过，意思是导入tkinter模块并且取新名字为tk。
- root = tk.Tk()：调用Tk()函数创建根窗口。
- root.title("我的Label")：将窗口的名称（即标题）设置为“我的Label”。

- label = tk.Label(root, text="Hello Python! ",bg="pink")：创建Label组件，第一个参数是root根窗口，第二个参数是我们要显示的文字，第三个参数是组件的背景颜色。Label组件是Tk的15种核心组件之一。

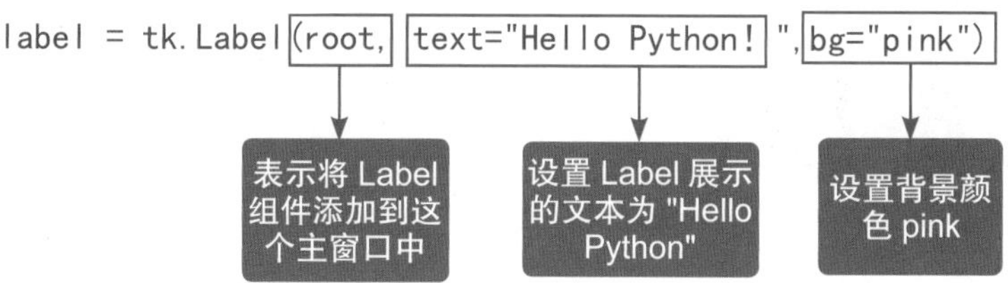


- label.pack()：将创建好的Label组件添加到root根窗口中，根窗口才能将Label展示出来。

tkinter共有3种布局管理方式，分别是pack布局、grid布局和place布局。这句代码中的pack布局将向容器中添加组件，第一个添加的组件在最上方，然后依次向下添加。

- root.mainloop()：让根窗口持续展示。如果组件有变化，它将会不断刷新。

### 1. Label 展示图片

试试用Label组件来展示图片。

代码

```
import tkinter as tk                 #导入tkinter模块，并且取个新名字为tk
root = tk.Tk()                       #创建根窗口
root.geometry("240×240")             #设置窗口大小
pic = '1.gif'                        #要展示的图片路径
photo = tk.PhotoImage(file=pic)      #创建图片对象

label = tk.Label(root, image=photo)
#创建Label组件，并且设置要展示的图片
label.pack()                         #在根窗口展示创建好的Label组件
root.mainloop()                      #让根窗口持续展示
```

单击菜单栏Run→Run Module选项来运行程序，运行结果如下：

这是贴上了自拍照呀！


1 在程序中，通过import tkinter as tk导入tkinter模块，并且取了一个新名字tk，在下面的代码中就可以用tk表示tkinter模块。
2 通过root = tk.Tk()创建根窗口。
3 通过root.geometry("240×240")将根窗口的大小设置为图片的大小。

果果拓展

以1.gif为例，因为Windows系统和macOS系统查看图片大小的方式不一样，所以分开讲解。

图片的大小要怎么查看呢？

### Windows系统

**1** 右击图片，选择**属性**。

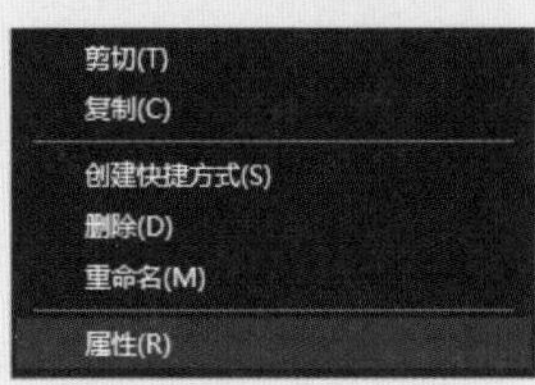


**2** 进入图片属性页面，选择**详细信息**，可以看到图片的**尺寸**，这就是我们要的图片大小。

1.gif 属性
常规 安全 详细信息 以前的版本

| 属性 | 值 |
| --- | --- |
| 图像 | |
| 分辨率 | 240 x 240 |
| 宽度 | 240 像素 |
| 高度 | 240 像素 |
| 位深度 | 8 |

### macOS系统

**1** 右击图片，选择**显示简介**。

打开
打开方式
移到废纸篓
显示简介
重新命名
压缩"1.gif"
复制
制作替身
快速查看"1.gif"
共享
拷贝"1.gif"
查看显示选项
标记...

**2** 进入图片简介，在**更多信息**下面可以看到**尺寸**，这就是图片大小。

"1.gif"简介
1.gif 469 KB
修改时间：2018年10月28日 下午7:00
添加标记...
通用：
更多信息：
尺寸：240 × 240
颜色空间：RGB
颜色描述文件：sRGB IEC61966-2.1
Alpha 通道：否
名称与扩展名：
1.gif
隐藏扩展名
注释：
打开方式：
预览（默认）
使用该应用程序打开所有这种类型的文稿。
全部更改...
预览：
共享与权限：
您可以读与写

**4** pic = ' 1.gif ' 设置了要展示的图片路径，注意图片的格式为.gif。这里需要设置成图片和程序文件的相对地址。

**5** photo = tk.PhotoImage(file=pic)：关键来了，通过PhotoImage类创建了一个图片对象，参数是图片的地址。

PhotoImage类用来在组件中展示图片，图片格式支持.gif。因为程序中的图片格式是.gif，所以不用进行特殊处理。

如果遇到PhotoImage类不支持的图片格式，要怎么办呢？


小拓展

如果想要展示PhotoImage不支持的图片格式，我们可以借助PIL（Python Image Library）将图片处理为PhotoImage能展示的图片，PIL是Python的第三方图像处理库。

第三方库需要先安装，下面分别介绍Windows系统和macOS系统下的安装方式。

### Windows系统

1 打开命令提示符窗口。

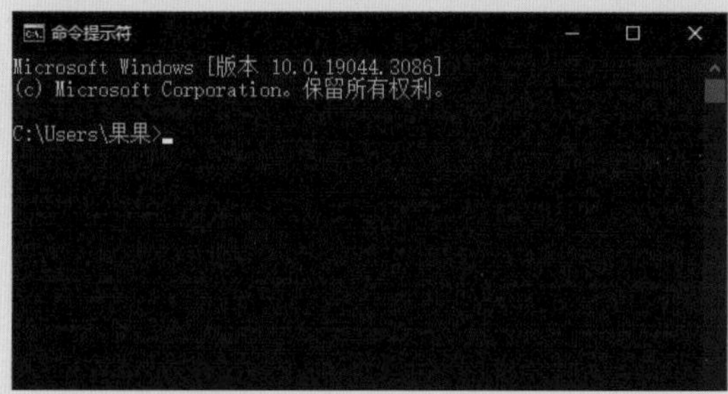


2 在界面中输入pip3 install pillow，按Enter键，开始安装。

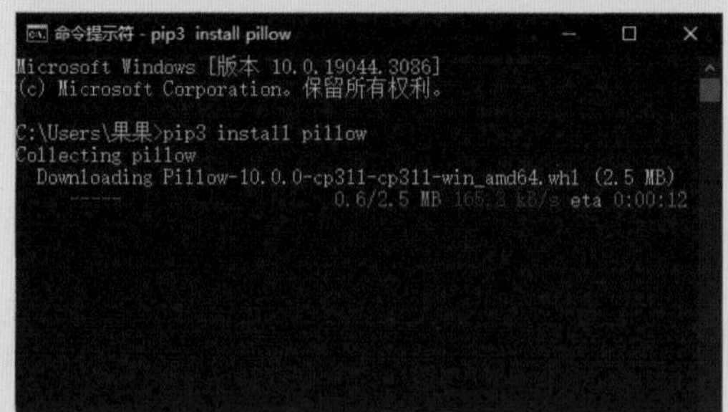


3 安装成功，提示Successfully installed pillow。

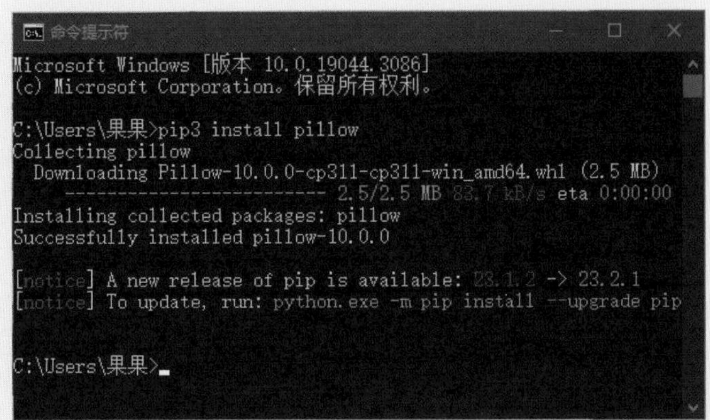


## macOS系统

**1** 单击**终端**以启动该程序。

**2** 进入**终端**界面。

**3** 在界面中输入pip3 install pillow，按Enter键，开始安装。

```
Last login: Wed Feb 27 07:53:51 on ttys005
xinyaodeMacBook-Pro-2:~ guoguo$ pip3 install pillow
Collecting pillow
  Downloading https://files.pythonhosted.org/packages/c9/ed/27cc92e99b9ccaa0985a66133baeea7e8a3371d3c04cfa353aaa3b81aac1/Pillow-5.4.1-cp37-cp37m-macosx_10_6_intel.macosx_10_9_intel.macosx_10_9_x86_64.macosx_10_10_intel.macosx_10_10_x86_64.whl (3.7MB)
    86% |████████████████████████████        | 3.2MB 243kB/s eta 0:00:03
```

4 安装成功。

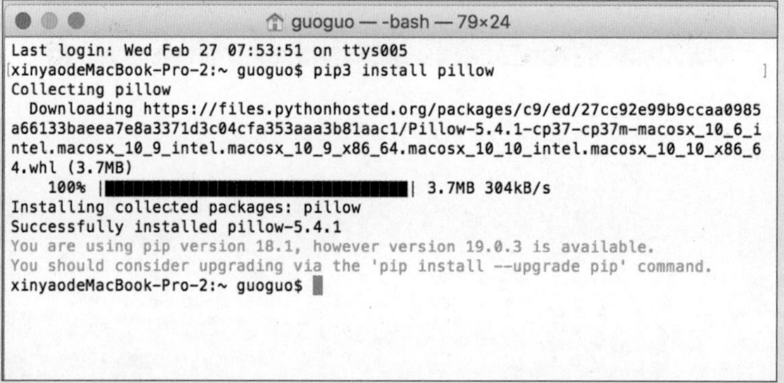

```
Last login: Wed Feb 27 07:53:51 on ttys005
xinyaodeMacBook-Pro-2:~ guoguo$ pip3 install pillow
Collecting pillow
  Downloading https://files.pythonhosted.org/packages/c9/ed/27cc92e99b9ccaa0985a66133baeea7e8a3371d3c04cfa353aaa3b81aac1/Pillow-5.4.1-cp37-cp37m-macosx_10_6_intel.macosx_10_9_intel.macosx_10_9_x86_64.macosx_10_10_intel.macosx_10_10_x86_64.whl (3.7MB)
    100% |████████████████████████████████| 3.7MB 304kB/s
Installing collected packages: pillow
Successfully installed pillow-5.4.1
You are using pip version 18.1, however version 19.0.3 is available.
You should consider upgrading via the 'pip install --upgrade pip' command.
xinyaodeMacBook-Pro-2:~ guoguo$
```

安装成功之后，我们就可以使用了。

例如有一幅.jpeg格式的图片要展示，我们一起通过PIL将.jpeg格式的图片处理成tkinter能兼容的格式。

代码

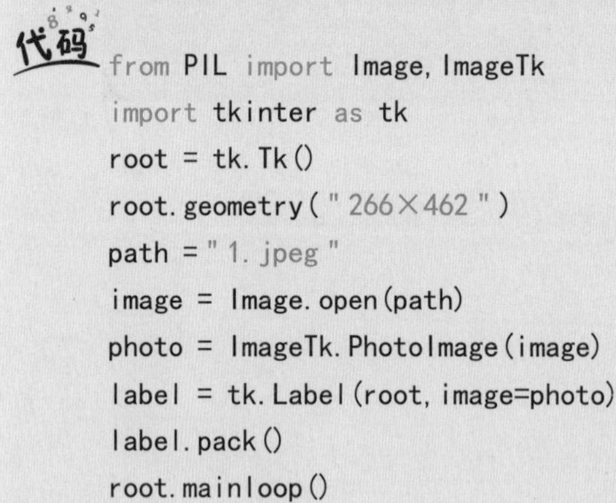

```
from PIL import Image, ImageTk               #导入PIL模块中的Image, ImageTk
import tkinter as tk                         #导入tkinter模块
root = tk.Tk()                               #创建根窗口
root.geometry("266×462")                     #设置窗口大小，设置为图片大小
path = "1.jpeg"                              #图片路径
image = Image.open(path)                     #打开图片
photo = ImageTk.PhotoImage(image)            #创建tkinter兼容的图片
label = tk.Label(root, image=photo)          #创建Label组件对象
label.pack()                                 #展示Label对象
root.mainloop()                              #保持窗口展示
```

程序运行结果如下：

1 在程序中，使用PIL展示了tkinter不能展示的.jpeg图片。

2 Image.open(path)创建Label组件，通过image=photo设置了要展示的图片。

label.pack()将创建好的Label组件展示在主窗口中。
root.mainloop()让主窗口持续展示。

我们可以同时展示文字和图片吗？

## 2. Label既展示图片，又展示文字

Label既可以展示图片，又可以展示文字，下面试用Label组件同时展示文字和图片吧。

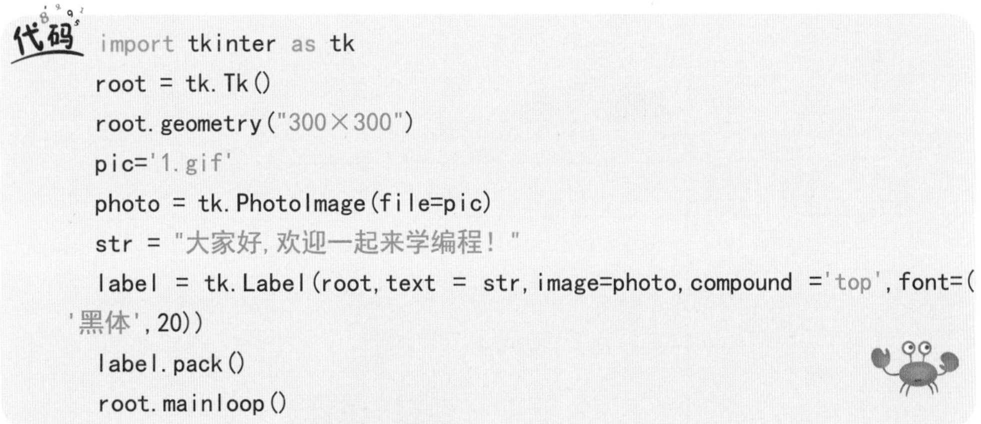

代码

```
import tkinter as tk
root = tk.Tk()
root.geometry("300×300")
pic='1.gif'
photo = tk.PhotoImage(file=pic)
str = "大家好,欢迎一起来学编程！"
label = tk.Label(root,text = str,image=photo,compound ='top',font=(
'黑体',20))
label.pack()
root.mainloop()
```

依次单击菜单栏Run→Run Module选项来运行程序，程序运行结果如下：

**1** 在程序中，我们用Label组件将文字和图片同时展示在根窗口中。str = " **大家好，欢迎一起来学编程！** " 是要展示的文字。

**2** label = tk.Label(root,text = str,image=photo, compound ='top',font=('黑体',20))创建了Label组件。参数说明如下。

- text = str：设置Label组件要展示的文字，str是变量。
- font=('黑体',20)：设置文字的字体是**黑体**，字体大小是20。
- compound = 'top'：指定图像和文本在Label上如何展示。我们使用的是top，图片展示在文字的顶部。

还有其他选项，我们一一尝试。

- compound ='left'：图像在文字的左边。

- compound ='right'：图像在文字的右边。

- bottom：图像在文字的下边。

- center：文字覆盖在图像的中间。

## 12.4 第 60 课：Button 组件

Button组件是按钮组件，大家应该比较熟悉了。我们在使用计算机的时候，是不是经常遇到，删除文件时，计算机会弹出窗口提示我们是否确认删除，这时界面上会出现两个按钮：是和否，若单击**是**按钮，文件就被删除了；若单击**否**按钮，则文件不被删除。

接下来，我们创造一个按钮，按钮上写着：**开心你就点点我**。

代码

```
from tkinter import *                          #导入tkinter模块
root = Tk()                                    #创建根窗口
button = Button(root, text = "开心你就点点我")    #创建Button组件
button.pack()                                  #在根窗口中展示Button组件
root.mainloop()                                #让根窗口持续展示
```

依次单击菜单栏Run→Run Module选项来运行程序，运行结果如下：

在程序中，实现了在根窗口展示一个按钮，并且按钮上提示：开心你就点点我。是怎么实现的呢？下面逐句说明程序代码。

- from tkinter import *：导入tkinter模块，运用这种方式导入了命名空间，所以后面不用使用tkinter.xx方式访问方法或属性。
- root = Tk()：创建根窗口。
- button = Button(root,text = "开心你就点点我")：创建了Button组件的对象，传入了两个参数，分别说明如下。
  - root：根窗口。
  - text：Button上要展示的文字。
- button.pack()：将按钮展示在根窗口中。
- root.mainloop()：让主窗口持续展示。

想要实现单击按钮有效果，就要用到command参数。它可以让我们在单击按钮的时候调用回调参数，执行我们想要的操作。

单击按钮的时候你想做什么？当按钮被单击时，在屏幕中打印出**我很开心**。

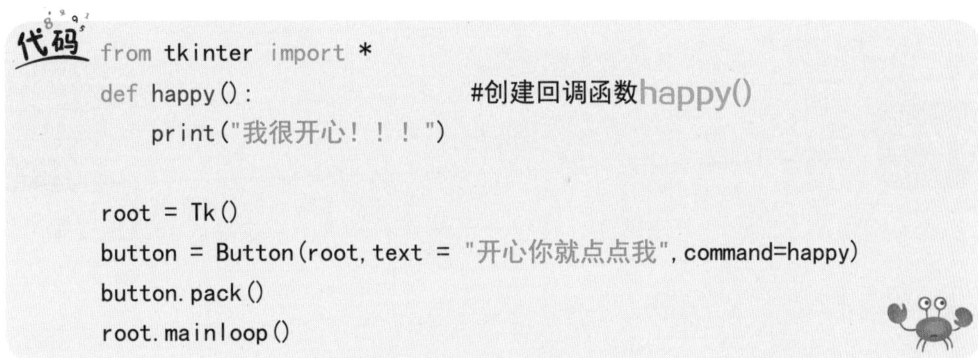

代码

```
from tkinter import *
def happy():                    #创建回调函数happy()
    print("我很开心！！！")

root = Tk()
button = Button(root,text = "开心你就点点我",command=happy)
button.pack()
root.mainloop()
```

依次单击菜单栏Run→Run Module选项来运行程序，运行结果如下：

单击**开心你就点点我**按钮，在屏幕上打印出**我很开心！！！**：

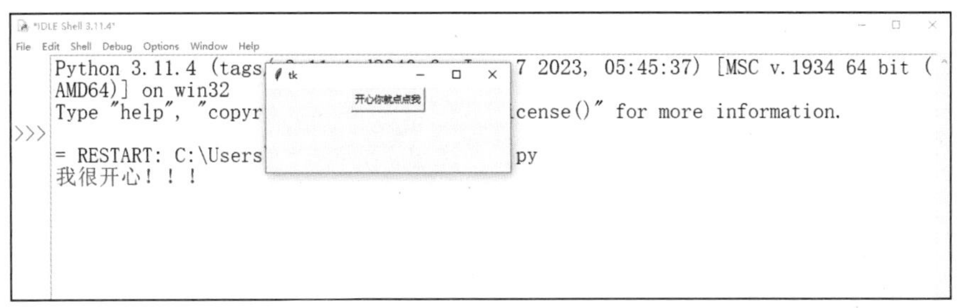


1. 在程序中定义了一个happy()函数，定义的操作是在屏幕上打印出**我很开心！！！**。
2. Button(root,text = "开心你就点点我",command=happy)创建Button组件的对象，设置的参数如下：

- root：展示按钮的根窗口。
- text：按钮上显示的文字。
- command：指定单击按钮后会执行的操作。在程序中设置值为happy()，所以单击**开心你就点点我**按钮，会在屏幕上打印出**我很开心！！！**。可以试试你想执行的其他操作哦。

我们经常要输入账号和密码进行登录，那要怎么实现接收账号和密码呢？接下来我们来学习Entry组件，接收输入的账号和密码。

## 12.5 第61课：Entry组件

Entry组件用于接收字符串输入。该组件允许用户输入一行文字，如果想要输入多行文字的话，可以用Text组件。

下面我们用Entry组件来做一个用户登录界面。

代码

```
from tkinter import *
root=Tk()
root.title("登录界面")
label_ account = Label(root,text = "账号")
#创建Label组件的对象label_ account
label_account.pack(side="left")
#将Label组件放到根窗口，靠左边排放

entry_account = Entry(root)  #创建Entry组件的对象entry_account
entry_account.pack(side="left")
#将Entry组件放到根窗口，靠左边排放

label_pwd = Label(root,text = "密码")
#创建Label组件的对象label_pwd
label_pwd.pack(side="left") #将Label组件放到根窗口，靠左边排放

entry_pwd = Entry(root)  #创建Entry组件的对象entry_account
entry_pwd.pack(side="left") #将Entry组件放到根窗口，靠左边排放
root.mainloop()
```

依次单击菜单栏Run→Run Module选项来运行程序，运行结果如下：

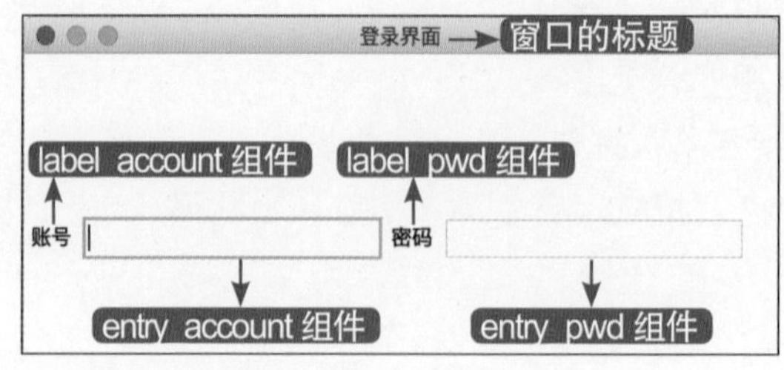

1. 在程序中创建了一个登录界面，在登录界面上有账号和密码两个输入框。
2. entry_account = Entry(root)创建Entry组件的对象entry_account。
3. entry_ account.pack(side= " left " )将Entry组件放到根窗口，靠左边排放。

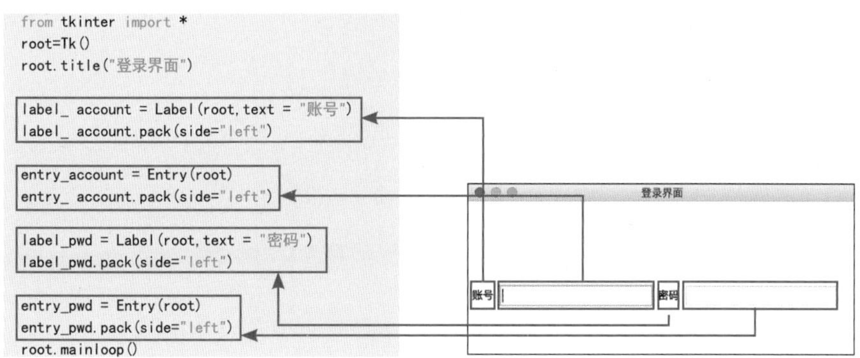

```
from tkinter import *
root=Tk()
root.title("登录界面")

label_ account = Label(root,text = "账号")
label_ account.pack(side="left")

entry_account = Entry(root)
entry_ account.pack(side="left")

label_pwd = Label(root,text = "密码")
label_pwd.pack(side="left")

entry_pwd = Entry(root)
entry_pwd.pack(side="left")
root.mainloop()
```

我要使用tkinter画图，要用什么组件呢？

我们可以使用Canvas组件来画图，一起来学习吧。

## 12.6 第 62 课：Canvas 组件

Canvas组件称为画布组件，是tkinter的核心组件之一，可以用Canvas类来绘制图形元素，例如线条、圆形、正方形等。

从易到难，首先来画一条直线。

代码

```
from tkinter import *                  #导入tkinter模块
root = Tk()                            #创建根窗口
root.title("画直线")                    #设置窗口的标题
root.geometry('300×300')               #设置窗口的大小为300×300

canvas=Canvas(root,width = 200,height = 200,bg='yellow')
#创建Canvas组件的对象canvas
canvas.create_line(0,0,100,100)        #使用Canvas组件画直线
canvas.pack()                          #将画布展示在窗口上
root.mainloop()                        #让根窗口持续展示
```

程序运行结果如下：

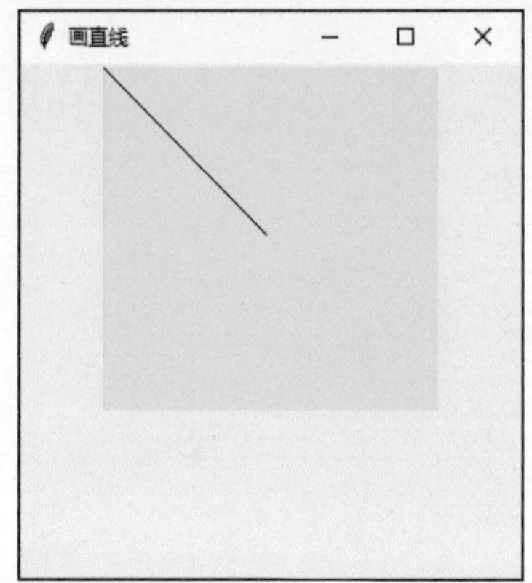


1 程序中，我们通过Canvas组件画了一条直线。

2 canvas=Canvas(root,width = 200,height = 200,bg= ' yellow ' )创建了Canvas组件的对象canvas，并且指定了以下几个参数：

- width：指定了画布的长度为200。
- height：指定了画布的高度为200。
- bg：指定了画布的背景颜色为yellow（黄色）。

3 通过canvas.create_line(0,0,100,100)在画布上画了一条直线。在程序中，调用create_line()函数时指定了4个参数，分别表示起点和终点的坐标。前两个参数表示的是起点的坐标（0，0），后两个参数表示的是终点的坐标（100，100）。画直线把两个坐标点连起来就可以了。

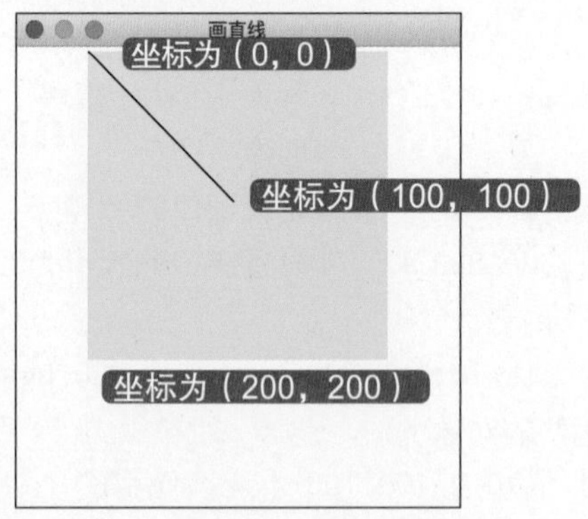

小拓展

画布以左上角为起点，坐标为(0,0)，画布的水平方向为x坐标，画布的垂直方向为y坐标。

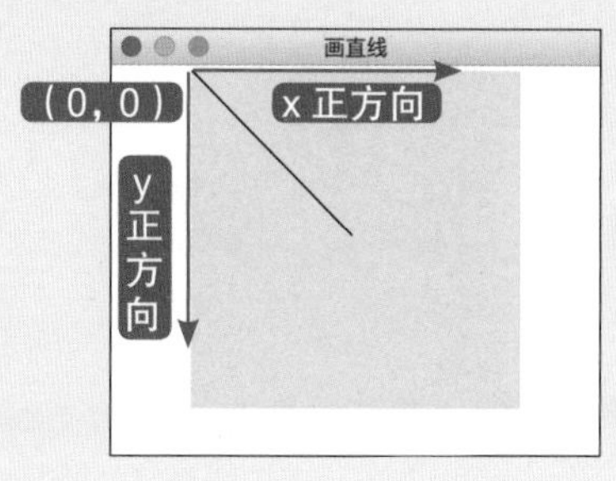

画直线太简单了，我想要画一个复杂点的。


那画什么？想到了，我们来画一个蓝色的矩形和一个红色的三角形。尝试一下吧。

```
from tkinter import *                  #导入tkinter窗口
root = Tk()                            #创建根窗口
root.geometry("400×300")               #设置窗口的大小为400×300
root.title("复杂的图形")                #设置窗口的标题

canvas = Canvas(root,width = 400,height = 300) #创建Canvas组件的对象canvas
canvas.create_rectangle(50,50,120,120,fill="blue")          #画矩形
canvas.create_polygon(130,250,145,130,250,250,fill="red")#画三角形
canvas.pack()                          #在根窗口中展示画布
root.mainloop()                        #让根窗口持续展示
```

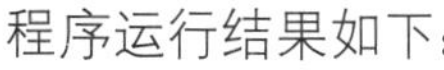

程序运行结果如下：

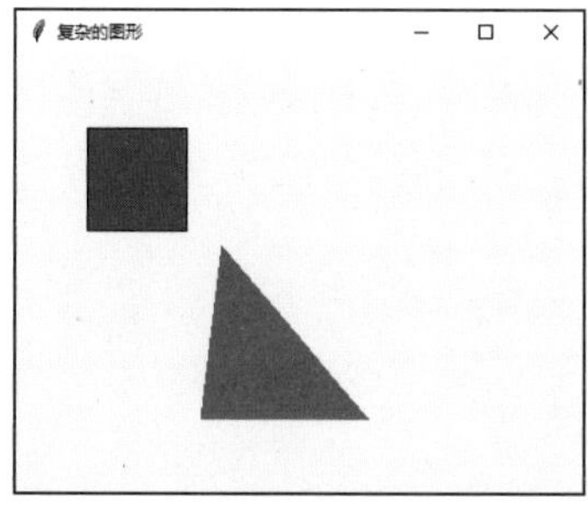

在程序中，我们画了一个蓝色的矩形和一个红色的三角形。

1 canvas.create_rectangle(50,50,120,120,fill="blue")在画布上画了一个蓝色的矩形。

不着急，我们一起来学习一下。

前两个参数为矩形的左上角坐标(50,50)，第3、4个参数为矩形的右下角坐标(120,120)，最后一个参数是填充的颜色blue（蓝色）。

2 canvas.create_polygon(130,250,145,130,250,250,fill="red")画了一个红色的三角形。

是啊，create_polygon()函数设定了7个参数，分别为三角形的3个点的坐标：（130，250）、（145，130）和（250，250）。最后一个为填充的颜色，我们设置了red红色。

除此之外，使用Canvas还可以画出更加复杂的图形呢，例如圆弧、椭圆。是不是很期待？有兴趣可以自己尝试着画一画。

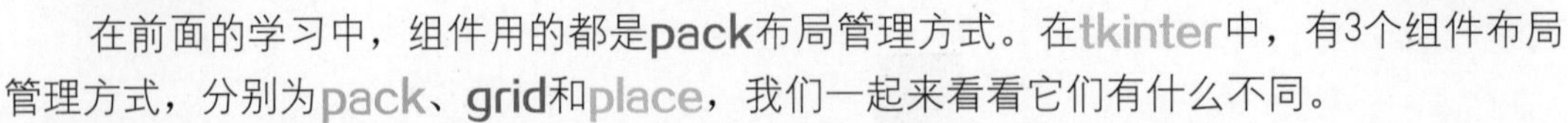

## 12.7 第 63 课：布局管理方式

在前面的学习中，组件用的都是pack布局管理方式。在tkinter中，有3个组件布局管理方式，分别为pack、grid和place，我们一起来看看它们有什么不同。

**小贴士**

这3种布局方式不能同时存在于一个容器中。

### 1. pack 布局管理方式

pack是我们目前用得最多的。

pack是指定相对位置的布局方式，在不要求精确布局的场景下可以使用。

pack布局管理方式默认按照放置的先后顺序从上到下排列，pack会为组件指定合适的位置和大小。

pack有几个比较重要的参数用来设置布局位置和大小，分别是side、fill和padding。

1）side

用于指定组件依次靠窗口排放的位置，可以选择的值如下。

- left：靠窗口的左边排放。
- right：靠窗口的右边排放。
- top：靠窗口的顶部排放。
- bottom：靠窗口的底部排放。

代码

```
from tkinter import *
root = Tk()
root.geometry("200×200")
root.title("组件排放位置")
label_1 = Label(root, text="one", bg="green")
label_1.pack(side = "top")

label_2 = Label(root, text="two", bg="red")
label_2.pack(side = "top")

label_3 = Label(root, text="three", bg="blue")
label_3.pack(side = "top")
root.mainloop()
```

程序运行结果如下：

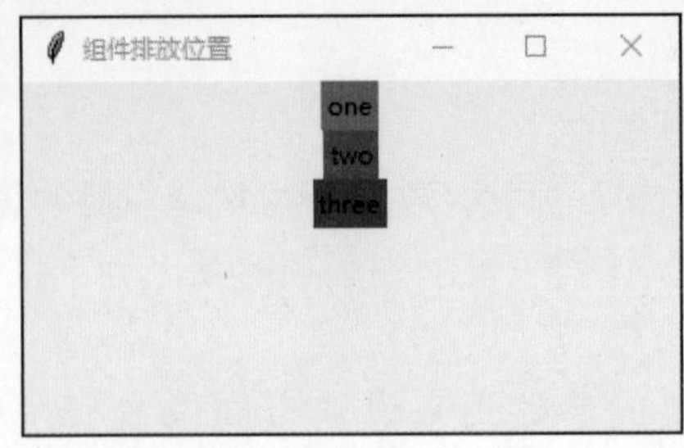


1 在程序中创建了Label组件的3个对象：label_1、label_2和label_3，通过side = "top"属性设置了组件排放在窗口的顶部。

2 通过程序运行结果可以看到，3个组件排放在窗口的顶部，按照排放的先后顺序，从上往下放置。

2）fill

用于指定组件填充方式，可以选择的填充方式如下。

- X：组件在水平方向进行填充。
- Y：组件在垂直方向进行填充。
- BOTH：组件在水平和垂直方向都填充。
- NONE：不填充。

代码

```
from tkinter import *
root = Tk()
root.geometry("200×200")
root.title("组件填充方式")
label_1 = Label(root, text="one", bg="green")
label_1.pack(fill = X)

label_2 = Label(root, text="two", bg="red")
label_2.pack(fill = X)

label_3 = Label(root, text="three", bg="blue")
label_3.pack(fill = X)
root.mainloop()
```

程序运行结果如下：

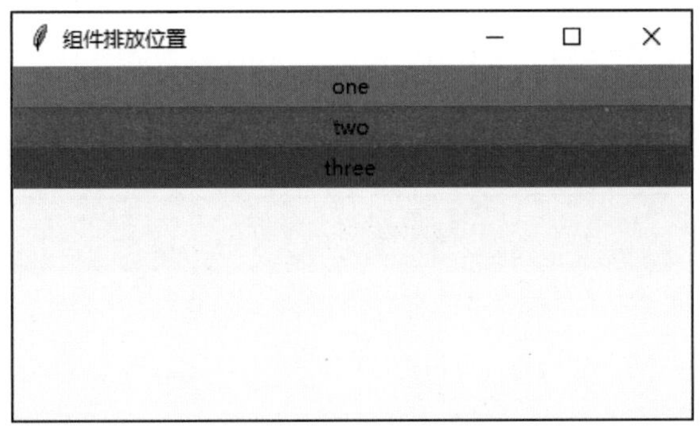


在程序中，通过fill参数设置组件的填充方式都为X水平填充，通过程序运行结果可以看到3个Label组件都往水平方向填充，组件的长度都和主窗口一样长。

3）padding

用于指定组件边距，主要有内边距、外边距、水平边距和垂直边距。

- padx：水平方向的外边距。
- pady：竖直方向的外边距。
- ipadx：水平方向的内边距。
- ipady：竖直方向的内边距。

代码

```
from tkinter import *
root = Tk()
root.geometry("200×200")
root.title("组件边距")
label_1 = Label(root, text="水平方向外边距为10", bg="green")
label_1.pack(fill = X,padx = 10)

label_2 = Label(root, text="竖直外边距为10", bg="red")
label_2.pack(fill = X,pady = 10)

label_3 = Label(root, text="竖直方向内边距为10", bg="blue")
label_3.pack(fill = X,ipady = 10)
root.mainloop()
```

程序运行结果如下：

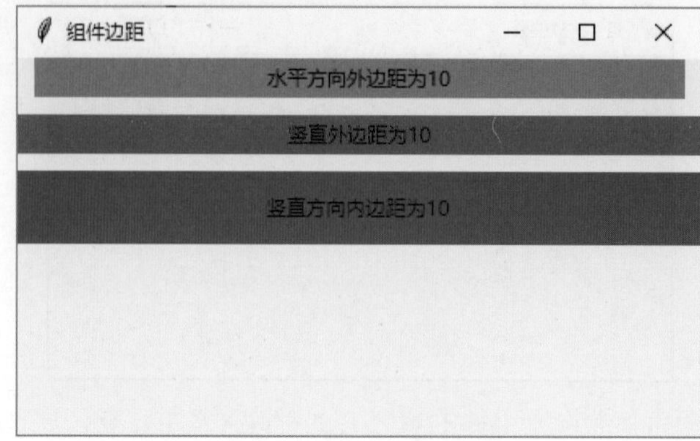


通过调节padding参数实现了组件不同的边距效果。

- padx = 10：水平方向外边距为10。

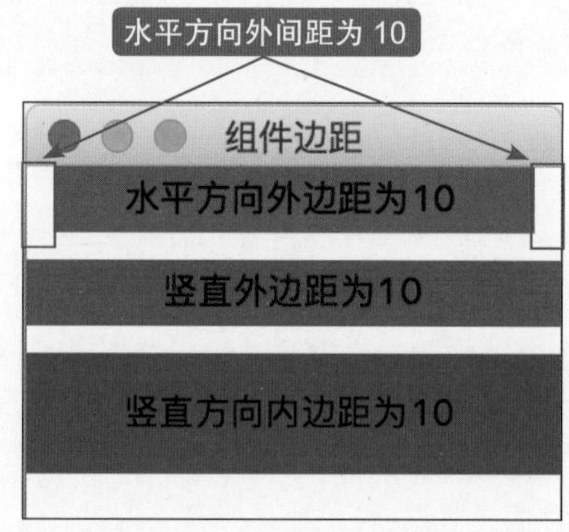


- pady = 10：竖直外边距为10。

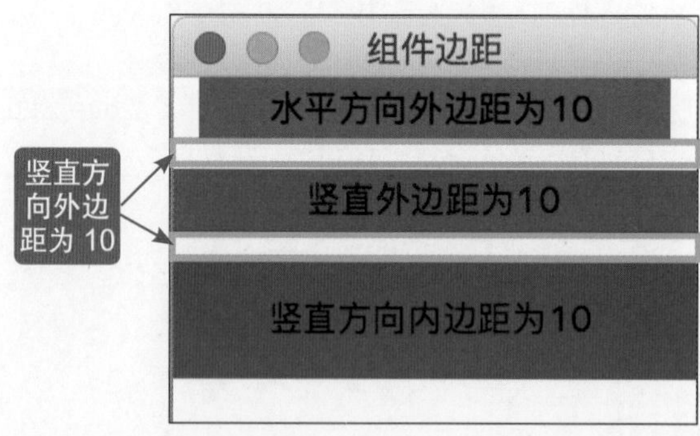


- ipady = 10：竖直方向内边距为10。

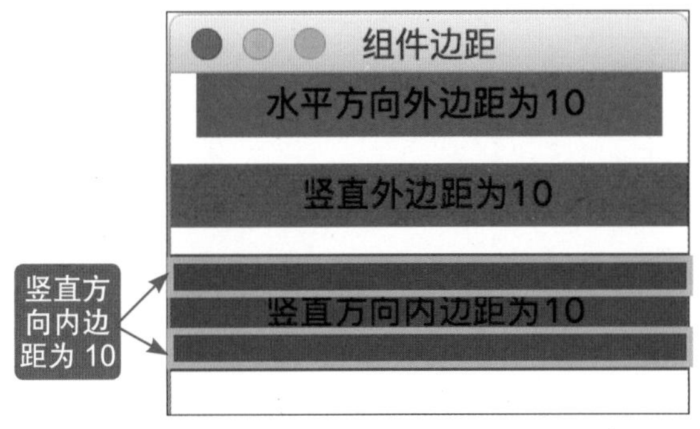


### 2. grid 布局管理方式

grid是格子的意思，按照行和列的方式来排列组件，所以又称为网格布局。组件的位置是由组件的行号和列号指定的。

grid布局管理方式的使用方法和pack布局管理方式是一样的，**组件对象.grid()**即可使用grid布局管理方式。

grid把界面划分为几行几列的网格。例如登录界面，很适合使用grid布局管理方式。我们可以把登录界面划分为一个2行2列的网格，然后将组件放置在相应的表格中。

| 账号 | 输入框 |
| --- | --- |
| 密码 | 输入框 |

我们先来了解grid布局管理方式的参数，通过参数的设置来放。

- row：行号，最小为0。
- column：列号，最小为0。
- rowspan：行跨度，决定组件占的行数。
- columnspan：列跨度，决定组件占的列数。
- padx：水平方向的外边距。

- pady：竖直方向的外边距。
- ipadx：水平方向的内边距。
- ipady：竖直方向的内边距。
- sticky：当格子的大小大于组件的大小的时候，指定组件的位置，默认是居中。还可以设置以下值。
    - N：North，北，靠父容器的上方。
    - S：South，南，靠父容器的下方。
    - W：West，西方，靠父容器的左边。
    - E：East，东方，靠父容器的右边。
    - NW：西北，靠父容器的左上方。
    - NE：东北，靠父容器的右上方。
    - SW：西南，靠父容器的左下方。
    - SE：东南，靠父容器的右下方。

学习了grid的参数，我想用row参数和colunmn参数来布局登录界面。

代码

```
from tkinter import *
root = Tk()
root.geometry("300×400")
label_account = Label(root, text = "账号")  #创建Label组件的对象
label_account.grid(row=0, column=0)  #将label组件布局在第0行第0列

entry_account = Entry(root)           #创建Entry组件的对象
entry_account.grid(row=0, column=1)  #将Entry组件布局在第0行第1列

label_pwd = Label(root, text = "密码")     #创建Label组件的对象
label_pwd.grid(row=1, column=0)      #将label组件布局在第1行第0列

entry_pwd = Entry(root)              #创建Entry组件的对象
entry_pwd.grid(row=1, column=1)      #将Entry组件布局在第1行第1列
root.mainloop()
```

程序运行结果如下：

1 通过grid布局管理方式指定行号row和列号column，布局好了一个登录界面。

2 程序通过设置row参数和column参数来布局，因为row参数和column参数的最小值都为0，所以在程序中也从0开始设置。

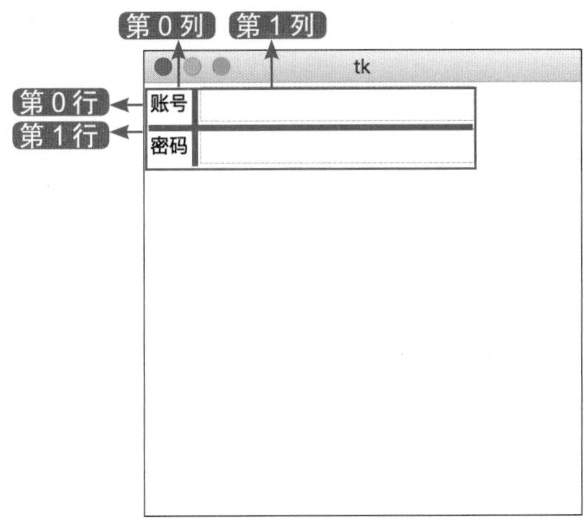


### 3. place 布局管理方式

place布局管理方式可以显式地指定组件的绝对位置或者相对于其他组件的位置。

使用方法和pack是一样的，组件对象.place()即可使用place布局。比较重要的属性如下。

- x、y：指定组件放置的绝对位置的x坐标和y坐标。
- width：组件的宽度。
- height：组件的高度。
- relx、rely：组件相对于父容器的x、y坐标，值为0~1的浮点数。
- relwidth、relheight：组件相对于父容器的宽度和高度，例如relwidth=0.5、relheight=0.5组件占据窗口的四分之一大小。

代码

```
from tkinter import *
root = Tk()
root.geometry("300×400")
label_1 = Label(root, text='绝对位置',bg = "green") #创建Label组件的对象
label_1.place(x=150,y=180)  #设置label_1的位置为（150，180）

label_2 = Label(root, text='相对坐标位置',bg = "red") #创建Label组件的对象
label_2.place(relx=0.5,rely=0.5) #设置label_2的位置为（150，200）
label_3 = Label(root, text='相对宽度和高度位置',bg = "pink")
#创建Label组件的对象
label_3.place(relwidth=0.5,relheight=0.5)  #设置label的高度为窗口高度的0.5，长度为窗口长度的0.5

root.mainloop()
```

程序运行结果如下：

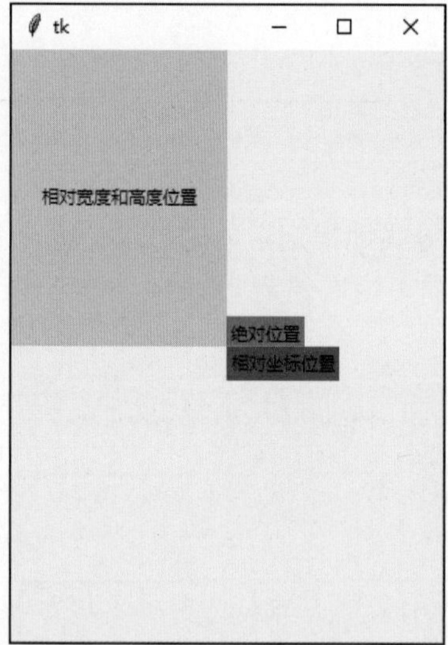


通过place布局管理方式的参数布局3个Label组件对象。大家可以通过不同的参数对比它们布局位置的不同。

我们学习了pack、grid、place 3种布局管理方式，讲解了比较重要的参数，大家

要是有兴趣，可以继续学习更多的参数。通过不断地学习，使用这3种布局管理方式布局出更加漂亮的界面。

## 12.8 tkinter 小结

（1）GUI是Graphical User Interface的简称，也可以称为图形用户界面，是指计算机和用户交互的图形界面。

（2）tkinter模块是Python的标准图形库，使用tkinter模块能进行图形界面设计和交互操作编程。

（3）根窗口的创建：

```
import tkinter                     #导入tkinter模块
root = tkinter.Tk()                #调用Tk()函数创建根窗口

root.title("My First GUI")         #把窗口的标题设置为My First GUI
root.mainloop()                    #让根窗口持续展示
```

（4）Label组件：可以在根窗口中展示文字或者图片。

（5）Button组件：按钮组件。

（6）Entry组件：用来接收字符串输入。

（7）Canvas组件：称为画布组件，是tkinter的核心组件之一，可以用Canvas类来绘制图形元素，例如线条、圆形、正方形等。

（8）三种不同的布局管理方式的学习：pack、grid和place。

（9）pack布局管理方式用于指定相对位置的布局方式，如果不要求精确布局，可以使用。

（10）grid布局管理方式用于按照行和列的方式来排列组件。组件的位置是由组件的行号和列号指定的。

（11）place布局管理方式可以显式地指定组件的绝对位置或者相对于其他组件的位置。

## 12.9 tkinter 小挑战

（1）在登录窗口中，增加验证码文字和输入框，并且在输入框后面展示自动生成的验证码，并且添加“提交”按钮。效果图如下。

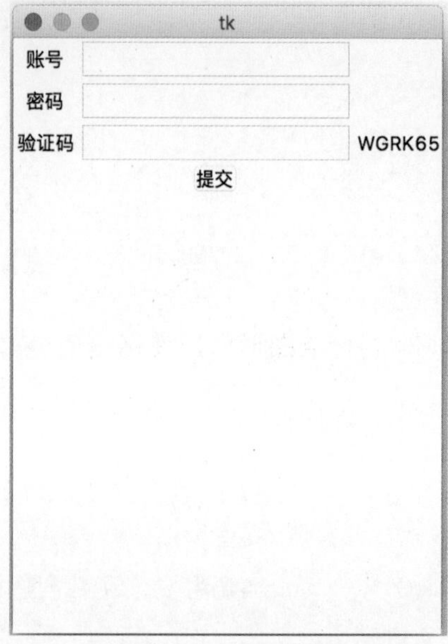


（2）使用grid布局管理方式布局一个计算器。效果图如下。

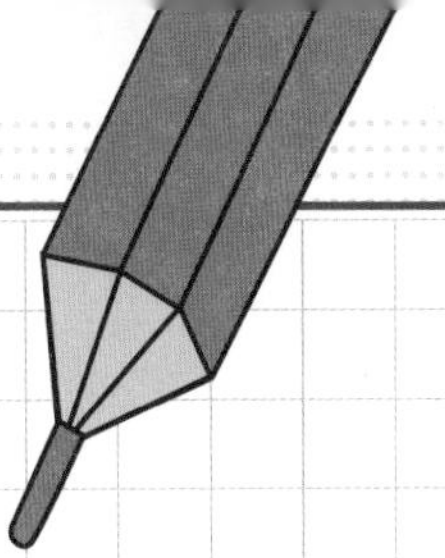

# 第13章

# 文件的读写

在前面的章节中，我们介绍过程序是由输入、处理、输出组成的。输入通常是指用户的输入，例如键盘的按键；输出通常是通过屏幕展示的。还有另一种输入输出的途径，猜猜是什么？那就是文件。

通过文件可以将我们要输入的内容传入计算机中，同时也可以将内容以文件的形式输出。使用文件的一个好处是程序结束甚至计算机断电之后，文件中的内容不会丢失，可以永久保存。

## 13.1 第 64 课：什么是文件

文件是指存储在存储设备中的一段数据流，存储设备包括硬盘和计算机内存，它就像我们大脑中负责记忆的部分，用来记录数据。文件可以存储不同用途的数据，从而形成很多类型的文件，包括文本、图片、Python程序等。

我们可以根据文件的属性来区分文件，下面一起来认识一下文件的重要属性吧。

- 文件的名称：就像人的名字一样，我们可以给文件取一个名字，例如：

**我可爱的老师.jpeg**

这是一个图片文件，我取的名字是**我可爱的老师**。

- 文件的扩展名：也就是文件名称的后缀，通过文件的扩展名，我们能识别文件存储的数据类型。
  - ◆ .txt是文本文件。
  - ◆ .py是Python程序。
  - ◆ .mp3是音频文件。
  - ◆ .mp4是视频文件。
  - ◆ .png是图片文件。
  - ◆ .sb2是Scratch文件。
  - ◆ .docx是Word文件。

| | |
| --- | --- |
| 我的自拍照 .png | 这是图片文件 |
| 我的简介 .txt | 这是文本文件 |
| 演讲稿 .txt | 这是文本文件 |
| 我的简介 .docx | 这是 Word 文件 |

名字不同，也是两个不同的文件（我的简介 .txt、演讲稿 .txt）

拓展名不同，文件类型不同（我的自拍照 .png、我的简介 .docx）

- 文件的位置：就像妈妈要找小明给他送衣服，首先要知道小明在哪里，才能找到小明。位置就是能找到文件的地方，专业术语就是文件的路径。路径在前一个章节中学习过。

温故而知新，我们再回顾一下文件的路径。

Windows系统

在C盘里创建一个文件夹，并且命名为Python。然后将文件test.py放在文件夹Python里。

要查找test.py，可以通过C:\python\test.py路径来查找。

C盘→Python文件夹→test.py文件

macOS系统

如果在桌面上创建一个文件夹叫作Python，然后将test.txt放置在Python文件夹中，想要找到test.txt文件，可以通过Desktop/python/test.txt路径来查找test.txt文件。

桌面→Python文件夹→test.txt文件

- 文件的大小：指文件占据了多大的存储空间。

现在大家买手机的时候非常看重手机存储空间的大小，是64GB还是128GB？这里的64GB和128GB其实就是在说手机存储空间的大小。

前面我们说文件是保存在存储设备中的，那么就要占据存储设备的空间。空间如果用完了，就需要删除一些没用的文件来把它们占用的空间释放出来，这也是手机存储空间不足的原因。所以说文件的大小也是文件很重要的一个属性。

选中文件，右击就可以查看文件的详细信息，包括文件的名字、扩展名、大小。一起来看在Windows系统和macOS系统中怎么查看文件的名字、属性和大小。

## Windows系统

**1** 选中文件，右击。

**2** 单击**属性**，就可以查看文件的各种属性了。

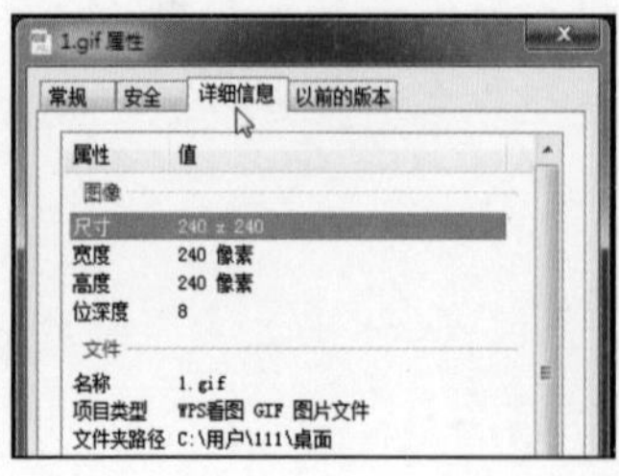


## macOS系统

**1** 选中文件，右击。

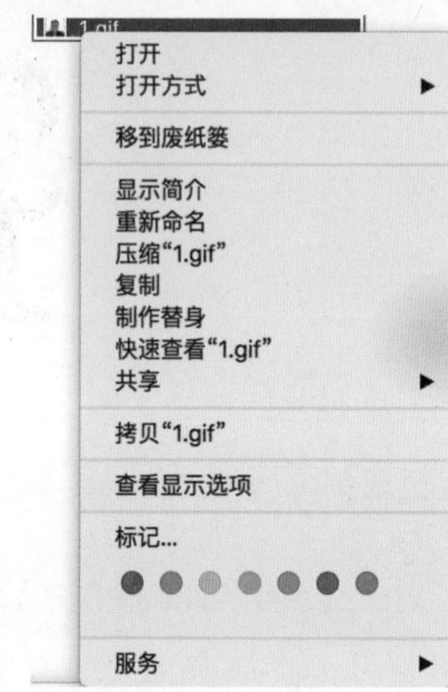


**2** 选中**显示简介**，就可以查看文件的属性了。

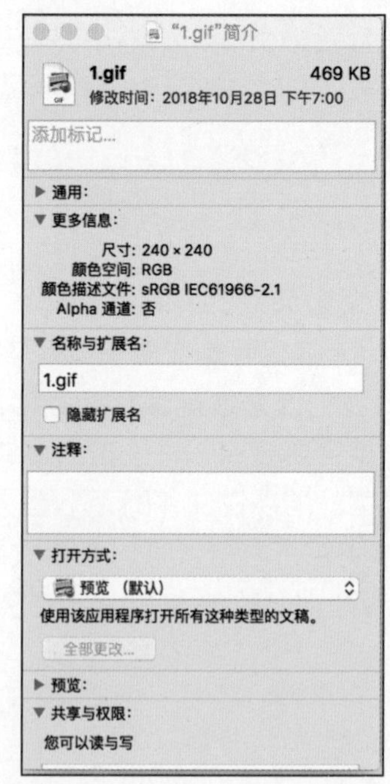

文件不仅具有属性，我们还可以操作它。

如果是Word文件，可以进行的操作有新建文档、打开文档、**在文档中增加或者删除内容**、从文档中读取内容、关闭文档、**对文档重命名**、删除文档、恢复文档等。

这些操作都可以通过**Python**来实现，Python提供了file对象来对文件进行操作。

一起来试试吧。

## 13.2 打开文件

对文件进行操作的时候，首先需要打开文件。

如果我们要打开的文件不存在，是否会出现错误呢？

**Python**的file对象提供了方法打开文件，如果发现文件不存在，就会创建新的文件。

想要打开文件python.txt，就要给Python输入这样的指令：

```
file= open("python.txt",'w+')
```

其实现在我们还没有创建**python.txt**文件呢，通过这行代码，Python帮助我们创建了一个全新的python.txt文件。

使用file对象的**open()**函数打开python.txt文件，但是**python.txt**文件不存在，所以帮我们创建了新的python.txt文件。

在open()函数中有两个参数，第一个是我们需要打开的文件名称，第二个是我们需要对文件进行的操作。

我们使用的是**w+**，表示对文件进行读写操作；r代表的是read，表示对文件进行只读操作；**w**表示对文件进行写入操作；a表示对文件进行追加内容操作。

创建并打开了文件，接下来我们来给文件写入新的内容。

## 13.3 写入内容

想要给文件**python.txt**写入内容，就要给Python输入这样的指令：

```
file.write(string)
```

接下来带领大家给文件写入内容：

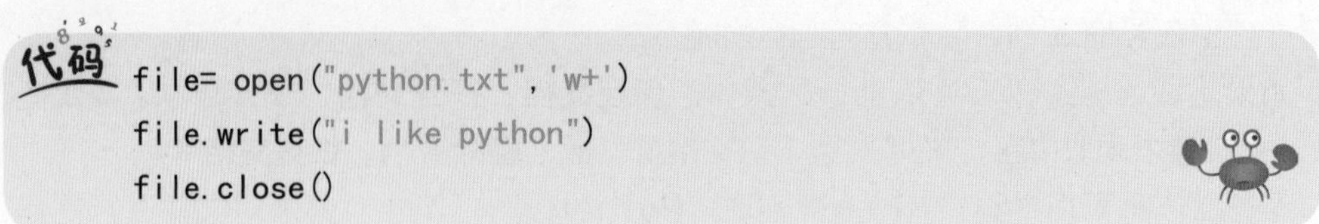

```
file= open("python.txt",'w+')
file.write("i like python")
file.close()
```

依次单击菜单栏Run→Run Module选项来运行程序，运行结果如下：

- 在当前程序的目录下创建了python.txt文件。

- 单击python.txt以打开该文件，发现写入成功。

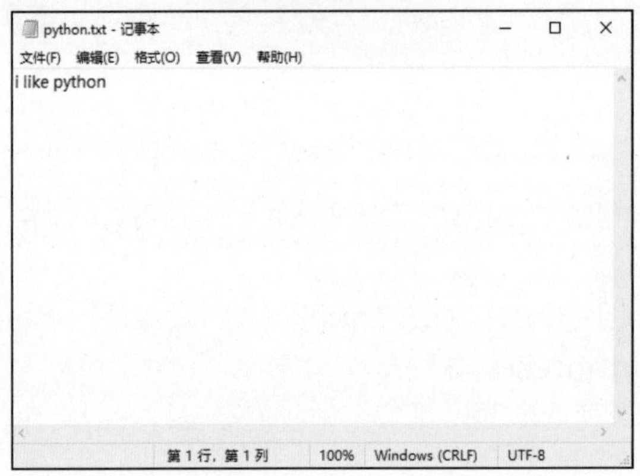


因为在程序执行过程中可能会出现错误，为了保证程序正常执行并能正确地关闭文件，所以需要用到try…finally。

```
try:
    file= open("python.txt",'w+')
    file.write("i like python")
finally:
    file.close()
```

但是每次都要加上try…finally，代码很烦琐，Python提供了with表达式来简化，保证在对文件进行操作的过程中，都能保证with语句执行完之后关闭文件句柄。

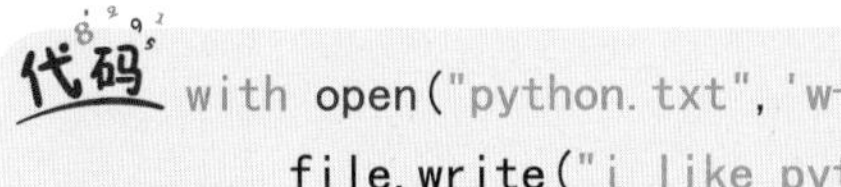

代码
```
with open("python.txt",'w+') as file:
    file.write("i like python")
```

程序执行效果和前面是一样的，往python.txt文件中写入了i like python。

大家会发现，无论执行多少次程序，文件中的内容都只有一行：i like python。这是因为文件的访问模式设置的是w，它会把原本的文件内容清空，然后用新的内容覆盖。

如果我们想往文件中追加内容，要怎么做呢？

### 追加内容

既然和设置的访问模式相关，如果要往文件中追加内容，则需要修改访问模式。

因为访问模式为a，是对文件进行追加内容操作。我们修改访问模式为a来看看效果。

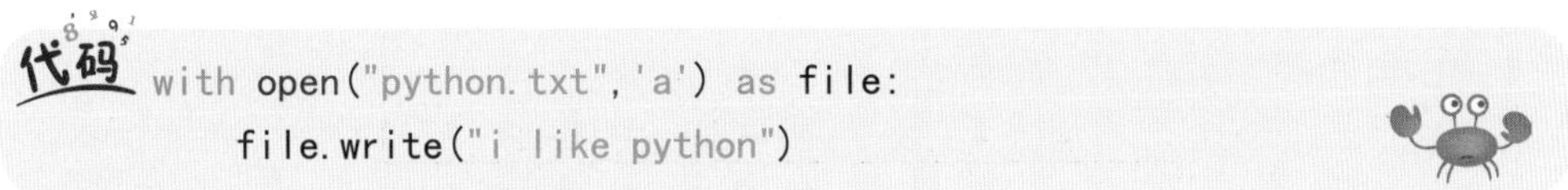

代码
```
with open("python.txt",'a') as file:
    file.write("i like python")
```

多次运行程序，运行后查看pyhton.txt。

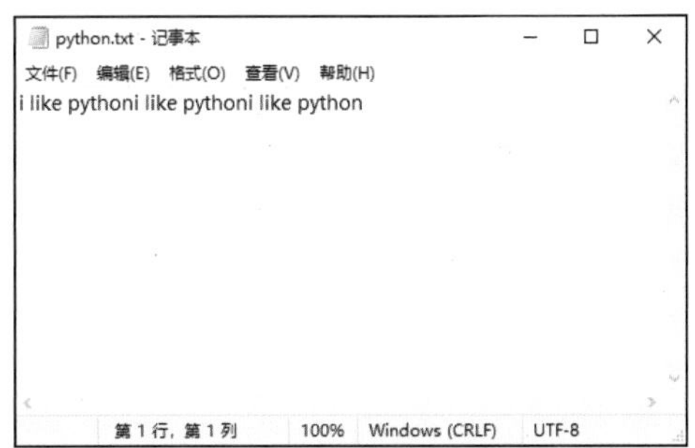


在程序中，将访问模式改成了a。运行程序，在文件的最后追加了设置的内容。再执行一次程序，会在文件的末尾再次追加相同的内容。

但是我想让文件内容换行追加，这样更加美观，要怎么做呢？

要让文件内容换行，就要用到换行符\n。

```
with open("python.txt",'a') as file:
    file.write("i like python\n")
```

运行程序前，将python.txt中的内容清空。

运行两次程序，打开python.txt查看内容追加的效果。

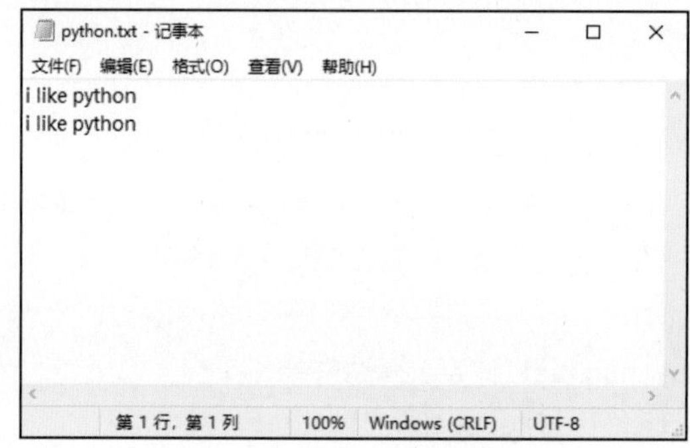


使用换行符\n之后，追加的内容都换行写入文件中了。

小朋友真聪明，当然是可以的。我们来尝试一下。文件写入的内容为：

```
my name is guoguo,
i like python!
```

开动脑筋想想，程序要怎么写？

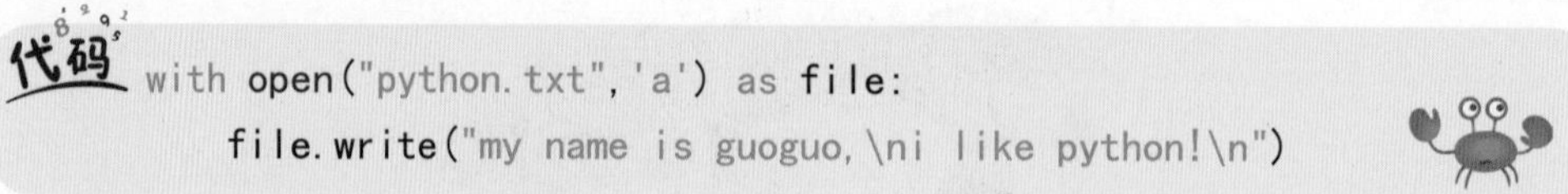

```
with open("python.txt",'a') as file:
    file.write("my name is guoguo,\ni like python!\n")
```

运行程序，查看python.txt文件的内容：

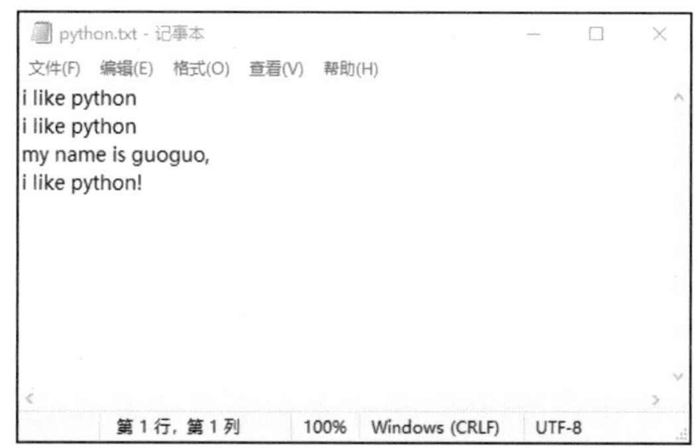


通过换行符，成功地往文件中写入了换行的多行文字。

## 13.4 第 65 课：读取文件

写文件我学会了，我想学读文件的技能。

这就带领大家一起学习读文件。

读文件之前，首先要做的也是打开文件。

想要打开文件，然后读取文件，就要给Python输入这样的指令：file= open(file, 'r')。r表示我们将以只读方式打开文件。

**只读**是不能修改文件的。

如果要打开的文件不存在，会抛出错误。我们来看一下是什么错误？

```
file = open('python1.txt',"r")
```

程序运行结果如下：

```
FileNotFoundError: [Errno 2] No such file or directory: 'python1.txt'
```

在程序中，文件python1.txt不存在，程序抛出FileNotFoundError的错误，所以使用r文件访问模式，要保证文件存在。

想要读取文件python.txt的内容，就要给Python输入这样的指令：file.read()。

读文件我们通过file类的read()函数来完成，read()函数可以一次性读取文件中的所有内容。

一起来读取文件python.txt的内容。

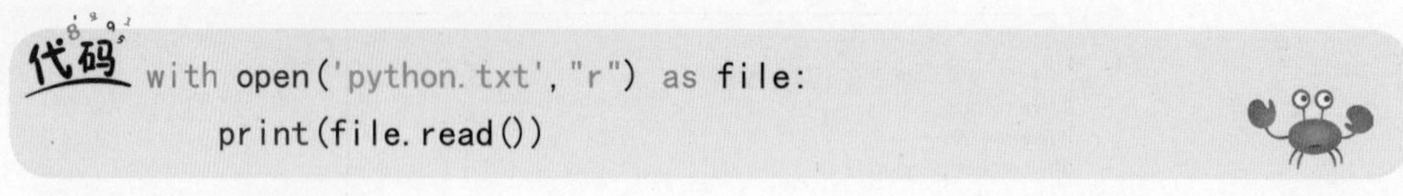

```
with open('python.txt',"r") as file:
    print(file.read())
```

程序运行结果如下：

```
my name is guoguo,
i like python!
```

在程序中，将文件中的所有内容都读取到内存中了，并且将内容打印出来了。

如果我们想要一次性读取文件的全部内容并且按行存储方便后续的操作，要怎么做呢？

我们可以使用**readlines()**函数来读取文件内容，**readlines()**函数可以一次性读取文件的全部内容，但是会将文件内容处理成行的列表，列表里的每个元素就是文件中一行的内容。

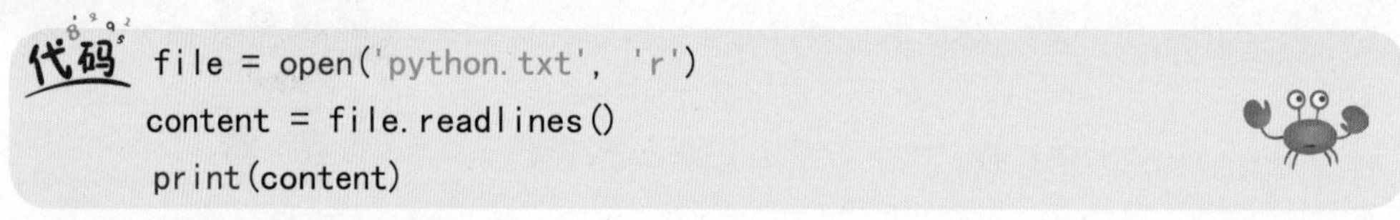

```
file = open('python.txt', 'r')
content = file.readlines()
print(content)
```

程序运行结果如下：

```
['my name is guoguo,\n', 'i like python!\n']
```

在程序中，我们将**file.readlines()**读取文件后存储的列表打印在屏幕上，可以很直观地看到运行结果是一个列表结构：

**['my name is guoguo,\n', 'i like python!\n']**

列表中包括两个元素，分别为：

['my name is guoguo,\n', 'i like python!\n']
元素 1
元素 2
readLine() 方法返回的是文件行的列表，我们可以遍历列表将文件行的内容打印出来。

说的很对，接下来我们使用列表的遍历来打印文件的内容。

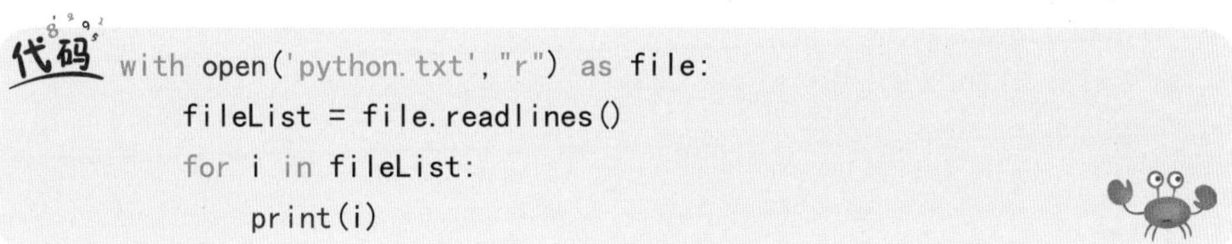

```
代码 with open('python.txt',"r") as file:
         fileList = file.readlines()
         for i in fileList:
             print(i)
```

程序运行结果如下：

```
my name is guoguo,
i like python!
```

我们写入的内容是：

```
代码 my name is guoguo,
     i like python !
```

但是读取的内容是：

```
代码 my name is guoguo,

     i like python!
```

用你的火眼金睛仔细看看，能看出来有什么不同吗？
原来是每一行后面都多了一行。

my name is guoguo,
i like python!
多出来的两个空白行

这是为什么呢？

原因是读入的时候，将末尾的换行符\n读进来了，需要将它去掉。

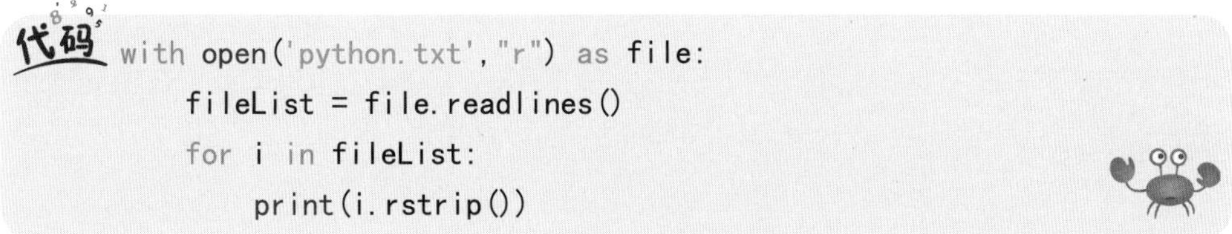

```
代码 with open('python.txt',"r") as file:
         fileList = file.readlines()
         for i in fileList:
             print(i.rstrip())
```

程序运行结果如下：

```
my name is guoguo,
i like python!
```

在程序中，通过rstrip()方法将末尾的换行\n去掉了，rstrip()方法用来删除字符串末尾的指定字符，默认为空格。

通过神奇的rstrip()方法使我们读取的内容和输入的内容是一样的了。

**大文件读取**

如果文件的内容不多，像文件python.txt一样，只有两行，那么read()函数会很实用。

因为read()函数是将文件的所有内容都读取到内存中，如果文件的内容很多，内存可能会被撑爆，程序会抛出MemoryError异常。

遇到大文件的时候，我们就要换一种方式读取文件了。

直接对可迭代对象file进行读取，不会一次性读取文件的所有内容，每次读取一行，大文件问题就自动解决了。

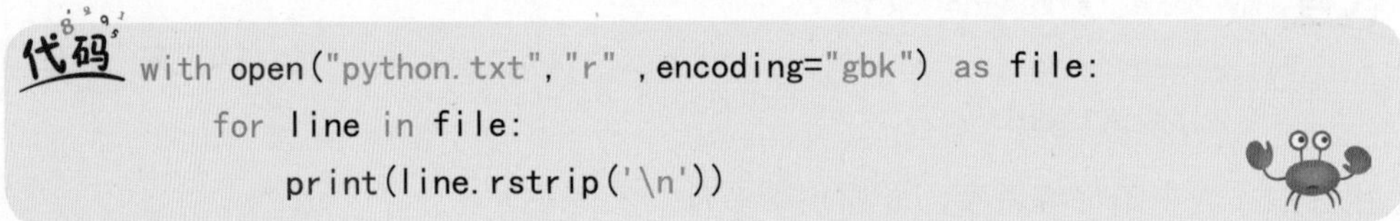

代码

```
with open("python.txt","r" ,encoding="gbk") as file:
    for line in file:
        print(line.rstrip('\n'))
```

程序运行结果如下：

```
my name is guoguo,
i like python!
```

## 13.5 第 66 课：游戏时间

想象一个场景：小明给小红留了一份文件约她出去玩，但这个文件被小刚发现了，想着刚好是愚人节，想搞一个恶作剧，把时间和地点悄悄改掉，要怎么实现呢？

先分析一下，我们要先读取文件中的内容：**2023-04-01 10:00我们在上海迪士尼南门口见。**，然后对文件内容进行修改，并将新内容写回文件。

代码

```
def modify(file,old,new):
    fileContent= ""
    with open(file, "r" ,encoding="gbk") as f:
        for line in f:
            if old in line:
                line = line.replace(old,new)   #使用new替换old
            fileContent += line
    with open(file,"w") as f:
        f.write(fileContent)                   #将内容写入文件中

modify("secret.txt","2023-04-01","2023-04-02")
modify("secret.txt","上海迪士尼","上海海洋水族馆")
```

运行程序之前，先创建文件secret.txt，然后将内容：2023-04-01 我们在上海迪士尼南门口见。写入secret.txt中。

运行程序，然后打开secret.txt查看是否修改成功：

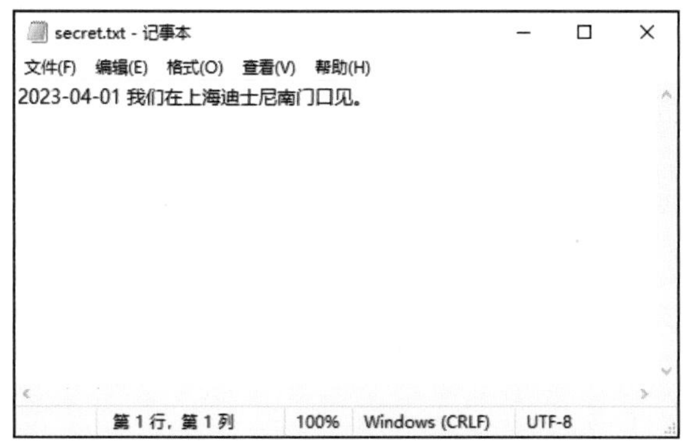


1 在程序中，先读取文件内容，然后通过replace()方法将文件中的2023-04-01替换为2023-04-02，将文件中的**上海迪士尼**替换为上海海洋水族馆。然后将修改的字符串通过write()方法写到文件secret.txt中。

2 调用写好的函数修改内容：

代码

```
modify("secret.txt","2023-04-01","2023-04-02")
modify("secret.txt","上海迪士尼","上海海洋水族馆")
```

注意

为了不造成困扰，记得及时告诉对方你修改了信息。

## 13.6 文件小结

（1）了解什么是文件：文件是指存储在存储设备中的一段数据流。
（2）文件的属性：文件的名称、扩展名、位置、大小。
（3）使用file= open("python.txt",'w+')打开文件。
（4）使用file.write(string)写文件。
（5）设置访问模式为a，对文件进行追加内容操作。
（6）学习换行符\n。
（7）文件的读取：file.read()和file.readlines()。
（8）大文件的读取。

## 13.7 文件小挑战

（1）新建一个文件，命名为“新年祝福”，文件格式为TXT，模式为可读可写。
（2）在新建的文件中添加一句祝福语并保存文件。
（3）以追加内容的模式a打开原来的文件，并向其中添加祝福语。

# 第14章

# 办公也能自动化

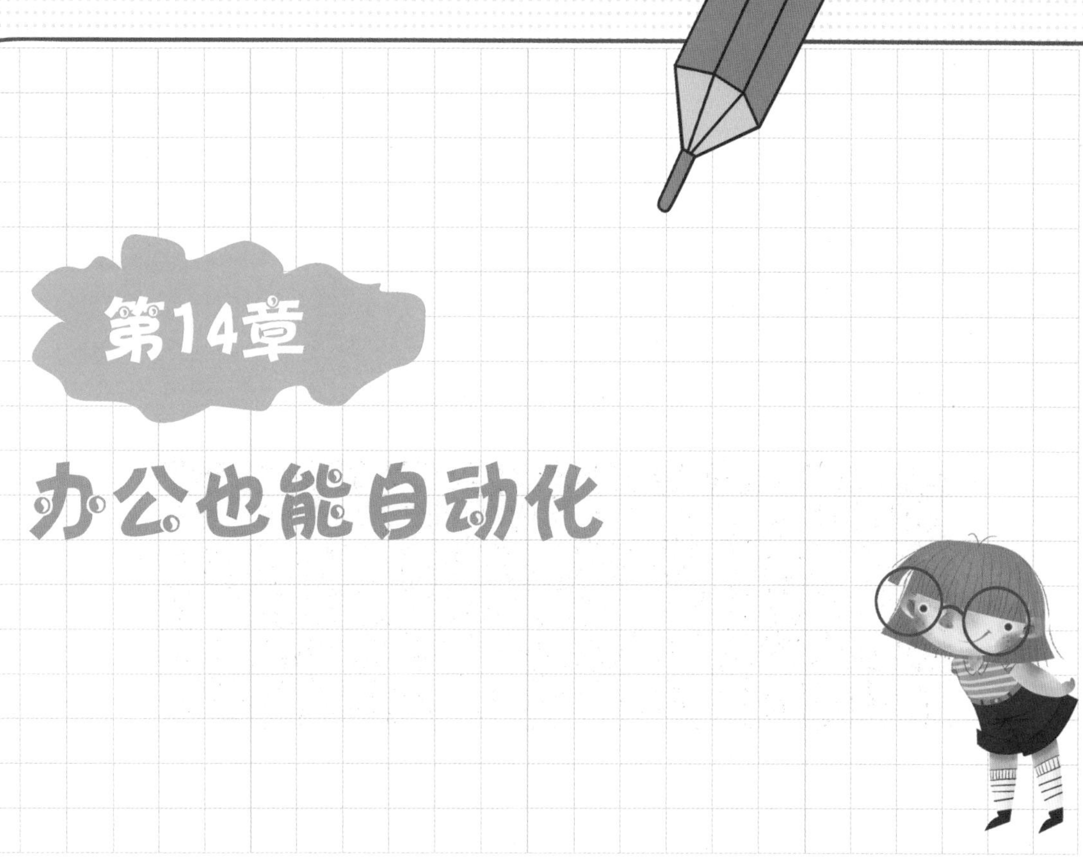

说起办公软件，总是少不了Excel、Word、PPT。Python拥有强大的第三方库，可以协助我们快速处理各种办公文件实现办公自动化。

在数据处理方面，Excel首当其冲，它拥有强大的数据存储能力和多样的计算公式。对于Excel的运用，你可能并不陌生，但是或许你是第一次通过Python来操作Excel。Python可以让文件的处理变得更加智能和高效。

本章的任务是运用Python向Excel文件中写入99乘法表并且完成表格样式的添加，就像这样。

| 1×1=1 | | | | | | | | |
|---|---|---|---|---|---|---|---|---|
| 1×2=2 | 2×2=4 | | | | | | | |
| 1×3=3 | 2×3=6 | 3×3=9 | | | | | | |
| 1×4=4 | 2×4=8 | 3×4=12 | 4×4=16 | | | | | |
| 1×5=5 | 2×5=10 | 3×5=15 | 4×5=20 | 5×5=25 | | | | |
| 1×6=6 | 2×6=12 | 3×6=18 | 4×6=24 | 5×6=30 | 6×6=36 | | | |
| 1×7=7 | 2×7=14 | 3×7=21 | 4×7=28 | 5×7=35 | 6×7=42 | 7×7=49 | | |
| 1×8=8 | 2×8=16 | 3×8=24 | 4×8=32 | 5×8=40 | 6×8=48 | 7×8=56 | 8×8=64 | |
| 1×9=9 | 2×9=18 | 3×9=27 | 4×9=36 | 5×9=45 | 6×9=54 | 7×9=63 | 8×9=72 | 9×9=81 |

## 14.1 第 67 课：创建 Excel 文件

Excel的操作需要借助第三方库openpyxl，它为我们提供了丰富的文件操作函数，可以帮助我们更便捷地操作文件处理数据。

### 1. 导入 openpyxl 库

1 在Windows系统中打开命令提示符窗口，或者在macOS系统中找到终端。

2 在命令提示符窗口中输入openpyxl安装代码，按Enter键等待安装。

```
pip3 install openpyxl
```

```
命令提示符
Microsoft Windows [版本 10.0.19044.3086]
(c) Microsoft Corporation。保留所有权利。

C:\Users\果果>pip3 install openpyxl
Collecting openpyxl
  Downloading openpyxl-3.1.2-py2.py3-none-any.whl (249 kB)
     ---------------------------------------- 250.0/250.0 kB 374.6 kB/s eta 0:00:00
Collecting et-xmlfile (from openpyxl)
  Using cached et_xmlfile-1.1.0-py3-none-any.whl (4.7 kB)
Installing collected packages: et-xmlfile, openpyxl
Successfully installed et-xmlfile-1.1.0 openpyxl-3.1.2

[notice] A new release of pip is available: 23.1.2 -> 23.2.1
[notice] To update, run: python.exe -m pip install --upgrade pip

C:\Users\果果>
```

3 显示安装成功后，测试openpyxl库是否可以正常使用。创建Python文件，写入代码后，运行程序。

```
import openpyxl
```

运行程序不报错，说明openpyxl库已经成功安装了。

### 2. 创建 Excel 文件

在编写代码之前，请确保你的计算机已经安装了Office。新建一个Excel文件对你来说应该是眨眼间就可以完成的小事吧。如果换成代码来完成会不会显得高级一些？编写如下代码，实现Excel文件的创建。

代码

```
import openpyxl

wb = openpyxl.Workbook()
ws = wb.active

ws.title = "99乘法表"
wb.save("九九乘法表.xlsx")
```

1 wb = openpyxl.Workbook()通过openpyxl中的Workbook()函数创建一个工作簿，此时wb就代表工作簿。

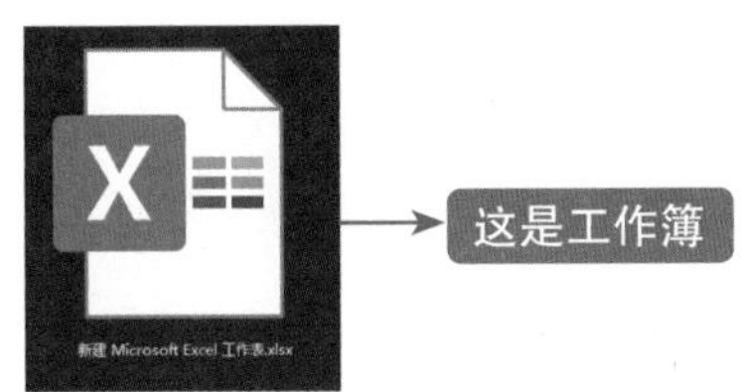


在创建工作簿的同时，第一个工作表也就创建了。

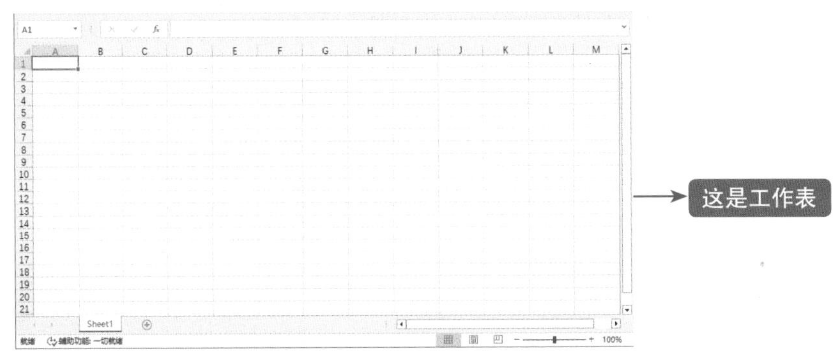


2 ws = wb.active通过wb.active获取第一个工作表，并赋值给变量ws。此时ws就代表工作表。

3 ws.title = "99乘法表"通过ws.title获取工作表的名称，将“九九乘法表”赋值给ws.title，此时工作表的名称就变成了“99乘法表”。

4 wb.save("九九乘法表.xlsx")将我们创建好的一切保存到文件“九九乘法表.xlsx”中，这样通过Python代码创建的第一个Excel文件就诞生了。

5 运行程序，可以看到文件创建在和Python文件同一级目录中。

一个空白的Excel表格就创建好了。

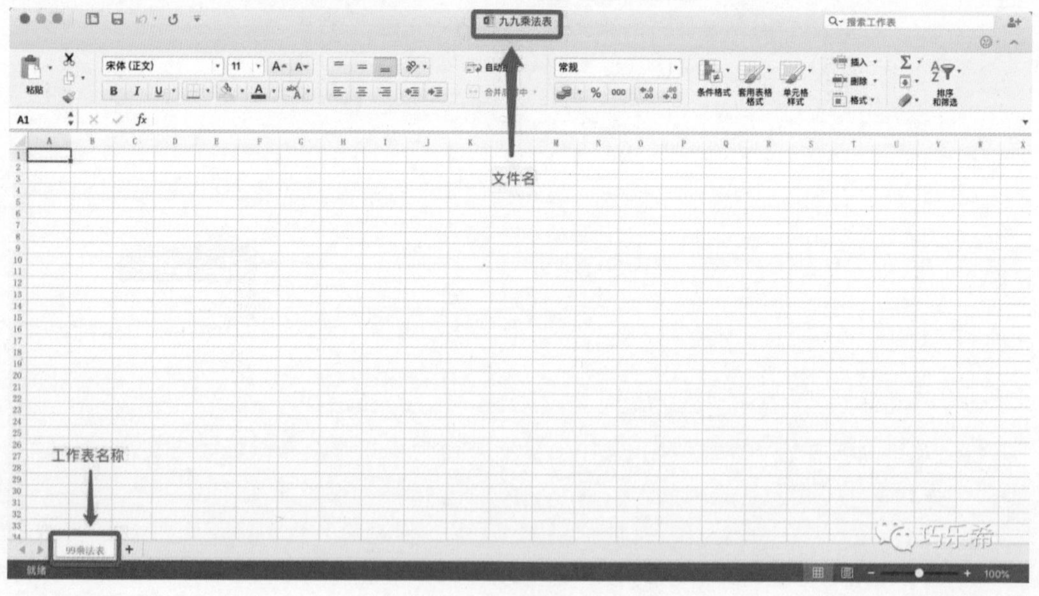

6 给程序末尾添加一个成功提示语。

```
print("表格创建成功！")
```

这样程序运行结束就会打印“表格创建成功！”，告诉我们表格已经创建好了。

## 14.2 第 68 课：向表格中写入运算式

虽然我们早就能够将九九乘法表倒背如流了，但是要将它按照特定的规则写入表格中，还需要对它细致研究一番，它是怎么样的一个规律呢？

1×1=1
1×2=2　2×2=4
1×3=3　2×3=6　3×3=9
1×4=4　2×4=8　3×4=12　4×4=16
1×5=5　2×5=10　3×5=15　4×5=20　5×5=25
1×6=6　2×6=12　3×6=18　4×6=24　5×6=30　6×6=36
1×7=7　2×7=14　3×7=21　4×7=28　5×7=35　6×7=42　7×7=49
1×8=8　2×8=16　3×8=24　4×8=32　5×8=40　6×8=48　7×8=56　8×8=64
1×9=9　2×9=18　3×9=27　4×9=36　5×9=45　6×9=54　7×9=63　8×9=72　9×9=81

逐行分析，找规律：

**第一行：** 1×1=1

**第二行：** 1×2=2　2×2=4

**第三行：** 1×3=3　2×3=6　3×3=9

...

**第八行：** 1×8=8　2×8=16　3×8=24　4×8=32　5×8=40　6×8=48　7×8=56　8×8=64

**第九行：** 1×9=9　2×9=18　3×9=27　4×9=36　5×9=45　6×9=54　7×9=63　8×9=72　9×9=81

通过分析可以看出，第一行只有1列，第二行有2列，以此类推，第八行有8列，第九行有9列。

将算式拆分为**第一个数字×第二个数字=计算结果**。

**第一个数字 = 列数**
**第二个数字 = 行号**
**计算结果 = 列数 × 行号**

分析完成，开始输入代码。

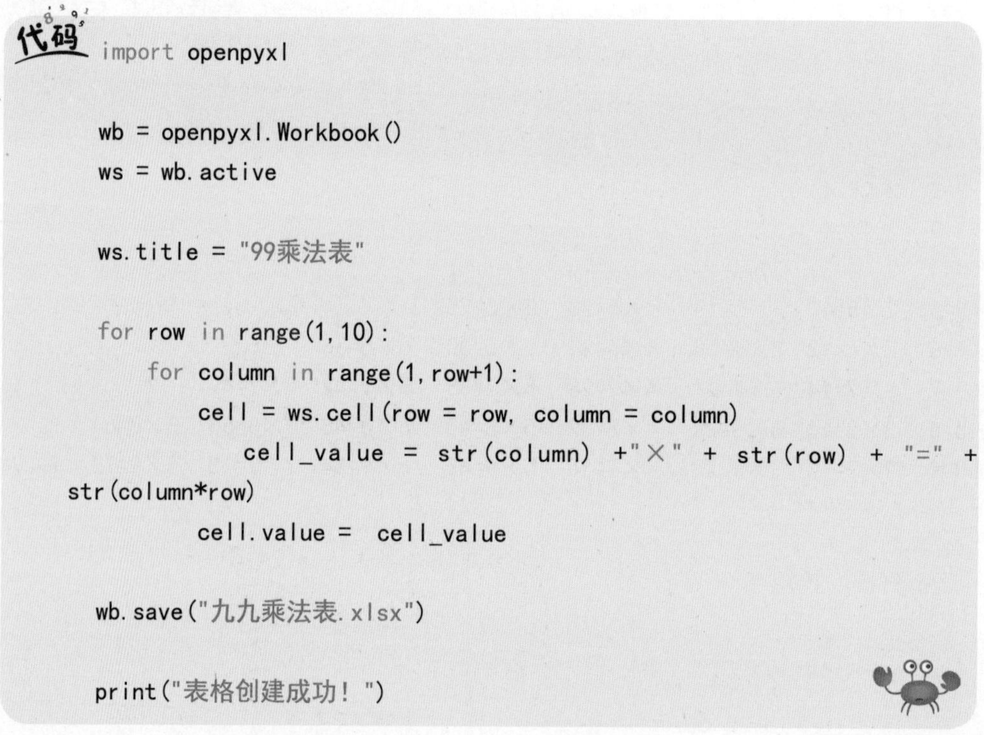

代码

```
import openpyxl

wb = openpyxl.Workbook()
ws = wb.active

ws.title = "99乘法表"

for row in range(1,10):
    for column in range(1,row+1):
        cell = ws.cell(row = row, column = column)
            cell_value = str(column) +"×" + str(row) + "=" + 
str(column*row)
        cell.value =  cell_value

wb.save("九九乘法表.xlsx")

print("表格创建成功！")
```

1 进入编程状态，首先按照行的顺序来完成数据的写入。for row in range(1,10):使用for循环，重复9次，完成9行。
row表示行，range(1,10)循环9次，产生9行。

**小贴士**

python range()函数可创建一个整数列表，一般用在for循环中。

代码

```
#函数语法range(start, stop[, step])

#参数说明
```

- start：计数从start开始。默认是从0开始的。例如range（5）等价于range（0, 5）。
- stop：计数到stop结束，但不包括stop。例如range（0, 5）是[0, 1, 2, 3, 4]，没有5。
- step：步长，默认为1。例如range（0, 5）等价于 range(0, 5, 1)。

**2** for column in range(1,row+1):每一行有多少列呢？进行列的操作。在第几行，就有多少列，所有列需要在行的循环里，记得要缩进。

第一行只有1列，所以当row=1时，column也只能有一个，此时是range(1,2)，那么就只有一个1。

第二行只有2列，所以当row=2时，column有两个，此时是range(1,3)，那么有1，2。

…

其实第几行就有几列，但是range()函数末尾取不到，需要加1。所以末尾数字比行号多1，表示为row+1。

**3** cell = ws.cell(row = row, column = column)确定等式在表格中填写的单元格位置。

在Excel中，确定行和列就可以找到对应的单元格。通过ws.cell()将对应的行和列传入函数就可以确定单元格。等式右边的row和column是循环中的变量。

**4** 使用cell_value = str(column) + "×" + str(row) + "=" + str(column*row)编排好等式的格式。

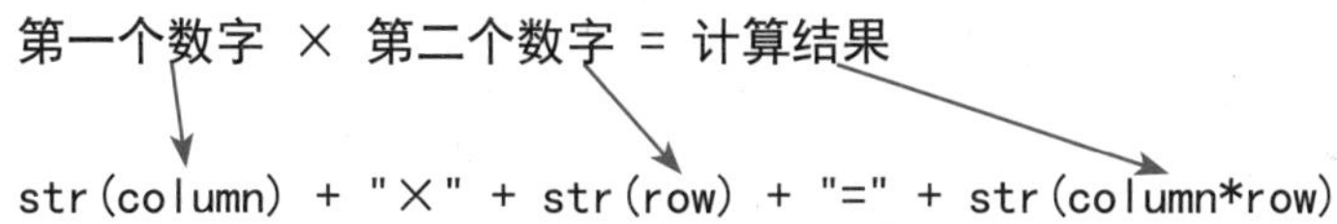
第一个数字 × 第二个数字 = 计算结果
str(column) + "×" + str(row) + "=" + str(column*row)

第一个数字=列数
第二个数字=行号
计算结果=列数×行号

输入格式是这样的：

列数 × 行号 = 列数*行号

注意

通过字符串将它们连接起来，这里记得用str()将数字转成字符串。

5 cell.value = cell_value数据都整理完成后，将cell_value变量的值写入对应单元格中，将对应单元格中的值cell.value改成cell_value。

6 运行程序，查看结果。这样一个有数据的表格就创建好了。

| | A | B | C | D | E | F | G | H | I |
|---|---|---|---|---|---|---|---|---|---|
| 1 | 1×1=1 | | | | | | | | |
| 2 | 1×2=2 | 2×2=4 | | | | | | | |
| 3 | 1×3=3 | 2×3=6 | 3×3=9 | | | | | | |
| 4 | 1×4=4 | 2×4=8 | 3×4=12 | 4×4=16 | | | | | |
| 5 | 1×5=5 | 2×5=10 | 3×5=15 | 4×5=20 | 5×5=25 | | | | |
| 6 | 1×6=6 | 2×6=12 | 3×6=18 | 4×6=24 | 5×6=30 | 6×6=36 | | | |
| 7 | 1×7=7 | 2×7=14 | 3×7=21 | 4×7=28 | 5×7=35 | 6×7=42 | 7×7=49 | | |
| 8 | 1×8=8 | 2×8=16 | 3×8=24 | 4×8=32 | 5×8=40 | 6×8=48 | 7×8=56 | 8×8=64 | |
| 9 | 1×9=9 | 2×9=18 | 3×9=27 | 4×9=36 | 5×9=45 | 6×9=54 | 7×9=63 | 8×9=72 | 9×9=81 |

但是距离好看的九九乘法表还是有一定距离，我们继续。

| | | | | | | | | |
|---|---|---|---|---|---|---|---|---|
| 1×1=1 | | | | | | | | |
| 1×2=2 | 2×2=4 | | | | | | | |
| 1×3=3 | 2×3=6 | 3×3=9 | | | | | | |
| 1×4=4 | 2×4=8 | 3×4=12 | 4×4=16 | | | | | |
| 1×5=5 | 2×5=10 | 3×5=15 | 4×5=20 | 5×5=25 | | | | |
| 1×6=6 | 2×6=12 | 3×6=18 | 4×6=24 | 5×6=30 | 6×6=36 | | | |
| 1×7=7 | 2×7=14 | 3×7=21 | 4×7=28 | 5×7=35 | 6×7=42 | 7×7=49 | | |
| 1×8=8 | 2×8=16 | 3×8=24 | 4×8=32 | 5×8=40 | 6×8=48 | 7×8=56 | 8×8=64 | |
| 1×9=9 | 2×9=18 | 3×9=27 | 4×9=36 | 5×9=45 | 6×9=54 | 7×9=63 | 8×9=72 | 9×9=81 |

# 14.3 第 69 课：美妆后的九九乘法表

只有黑和白的表格看上去干巴巴的，一起来给它涂涂颜色。

没有上色的时候是这样的：

| | A | B | C | D | E | F | G | H | I |
|---|---|---|---|---|---|---|---|---|---|
| 1 | 1×1=1 | | | | | | | | |
| 2 | 1×2=2 | 2×2=4 | | | | | | | |
| 3 | 1×3=3 | 2×3=6 | 3×3=9 | | | | | | |
| 4 | 1×4=4 | 2×4=8 | 3×4=12 | 4×4=16 | | | | | |
| 5 | 1×5=5 | 2×5=10 | 3×5=15 | 4×5=20 | 5×5=25 | | | | |
| 6 | 1×6=6 | 2×6=12 | 3×6=18 | 4×6=24 | 5×6=30 | 6×6=36 | | | |
| 7 | 1×7=7 | 2×7=14 | 3×7=21 | 4×7=28 | 5×7=35 | 6×7=42 | 7×7=49 | | |
| 8 | 1×8=8 | 2×8=16 | 3×8=24 | 4×8=32 | 5×8=40 | 6×8=48 | 7×8=56 | 8×8=64 | |
| 9 | 1×9=9 | 2×9=18 | 3×9=27 | 4×9=36 | 5×9=45 | 6×9=54 | 7×9=63 | 8×9=72 | 9×9=81 |

涂上颜色是这样的：

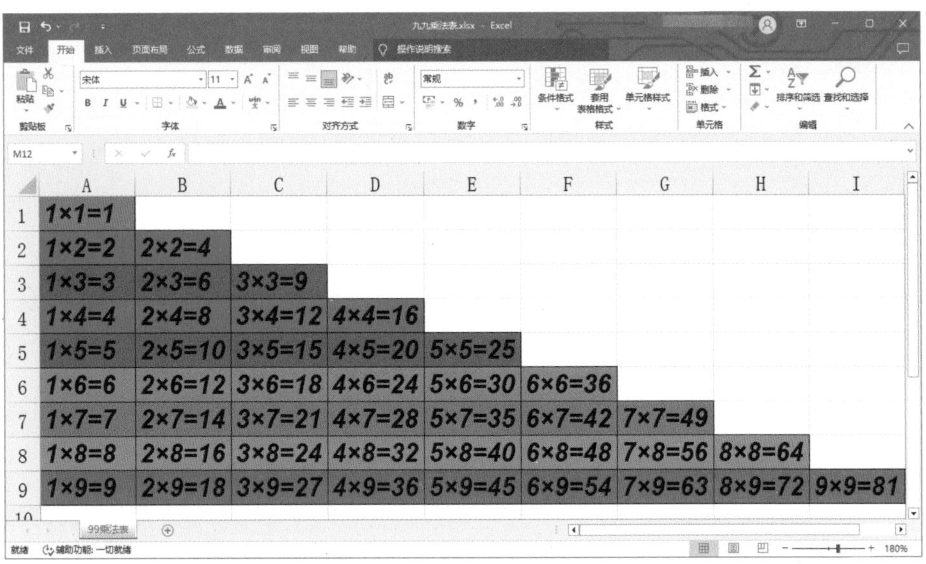

| | A | B | C | D | E | F | G | H | I |
|---|---|---|---|---|---|---|---|---|---|
| 1 | 1×1=1 | | | | | | | | |
| 2 | 1×2=2 | 2×2=4 | | | | | | | |
| 3 | 1×3=3 | 2×3=6 | 3×3=9 | | | | | | |
| 4 | 1×4=4 | 2×4=8 | 3×4=12 | 4×4=16 | | | | | |
| 5 | 1×5=5 | 2×5=10 | 3×5=15 | 4×5=20 | 5×5=25 | | | | |
| 6 | 1×6=6 | 2×6=12 | 3×6=18 | 4×6=24 | 5×6=30 | 6×6=36 | | | |
| 7 | 1×7=7 | 2×7=14 | 3×7=21 | 4×7=28 | 5×7=35 | 6×7=42 | 7×7=49 | | |
| 8 | 1×8=8 | 2×8=16 | 3×8=24 | 4×8=32 | 5×8=40 | 6×8=48 | 7×8=56 | 8×8=64 | |
| 9 | 1×9=9 | 2×9=18 | 3×9=27 | 4×9=36 | 5×9=45 | 6×9=54 | 7×9=63 | 8×9=72 | 9×9=81 |

（1）使用ws.sheet_properties.tabColor = "f05654"给工作表的名称添加背景颜色。

ws.sheet_properties.tabColor将工作表名称的背景颜色属性设置成f05654。f05654是十六进制的颜色表示方式。

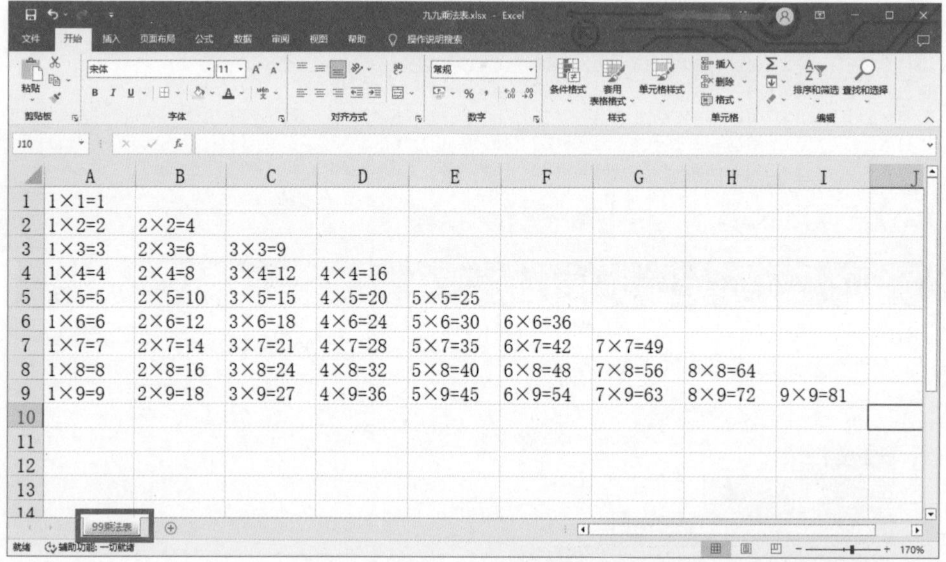

| | A | B | C | D | E | F | G | H | I |
|---|---|---|---|---|---|---|---|---|---|
| 1 | 1×1=1 | | | | | | | | |
| 2 | 1×2=2 | 2×2=4 | | | | | | | |
| 3 | 1×3=3 | 2×3=6 | 3×3=9 | | | | | | |
| 4 | 1×4=4 | 2×4=8 | 3×4=12 | 4×4=16 | | | | | |
| 5 | 1×5=5 | 2×5=10 | 3×5=15 | 4×5=20 | 5×5=25 | | | | |
| 6 | 1×6=6 | 2×6=12 | 3×6=18 | 4×6=24 | 5×6=30 | 6×6=36 | | | |
| 7 | 1×7=7 | 2×7=14 | 3×7=21 | 4×7=28 | 5×7=35 | 6×7=42 | 7×7=49 | | |
| 8 | 1×8=8 | 2×8=16 | 3×8=24 | 4×8=32 | 5×8=40 | 6×8=48 | 7×8=56 | 8×8=64 | |
| 9 | 1×9=9 | 2×9=18 | 3×9=27 | 4×9=36 | 5×9=45 | 6×9=54 | 7×9=63 | 8×9=72 | 9×9=81 |

（2）使用font_set = openpyxl.styles.Font(name='Arial', size=14, italic=True, color="000000", bold=True)设置表格中文字的样式。

函数中涉及多个参数，一起来看每个参数代表什么含义吧。

- name：字体名称。
- size：字体大小。
- italic：斜体（True，False）。
- color：颜色。
- bold：加粗（True，False）。
- strike：删除线（True，False）。
- underline：下画线（singleAccounting，doubleAccounting，double，single）。

- vertAlign：对齐（subscript，superscript，baseline）。

通过cell.font = font_set将字体样式设置到单元格上。运行程序，看看字体发生了什么变化。

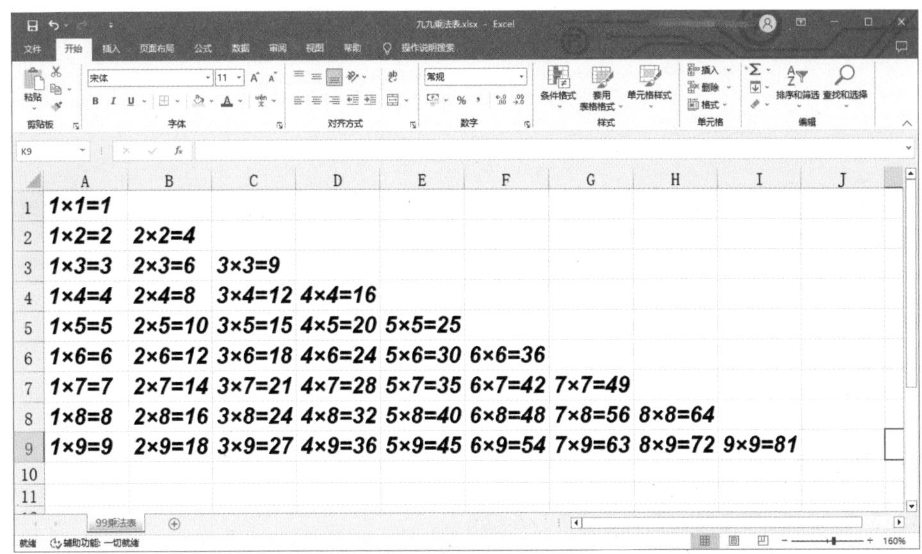

| | A | B | C | D | E | F | G | H | I | J |
|---|---|---|---|---|---|---|---|---|---|---|
| 1 | 1×1=1 | | | | | | | | | |
| 2 | 1×2=2 | 2×2=4 | | | | | | | | |
| 3 | 1×3=3 | 2×3=6 | 3×3=9 | | | | | | | |
| 4 | 1×4=4 | 2×4=8 | 3×4=12 | 4×4=16 | | | | | | |
| 5 | 1×5=5 | 2×5=10 | 3×5=15 | 4×5=20 | 5×5=25 | | | | | |
| 6 | 1×6=6 | 2×6=12 | 3×6=18 | 4×6=24 | 5×6=30 | 6×6=36 | | | | |
| 7 | 1×7=7 | 2×7=14 | 3×7=21 | 4×7=28 | 5×7=35 | 6×7=42 | 7×7=49 | | | |
| 8 | 1×8=8 | 2×8=16 | 3×8=24 | 4×8=32 | 5×8=40 | 6×8=48 | 7×8=56 | 8×8=64 | | |
| 9 | 1×9=9 | 2×9=18 | 3×9=27 | 4×9=36 | 5×9=45 | 6×9=54 | 7×9=63 | 8×9=72 | 9×9=81 | |
| 10 | | | | | | | | | | |
| 11 | | | | | | | | | | |

（3）设置边框效果，给表格围上一圈边框。

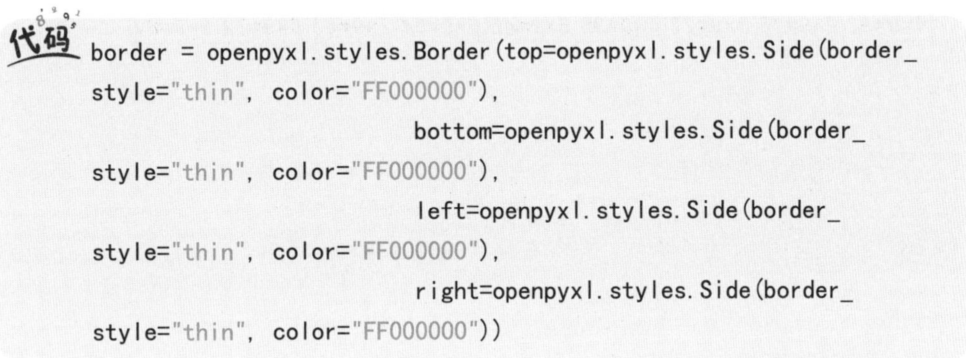

代码

```
border = openpyxl.styles.Border(top=openpyxl.styles.Side(border_style="thin", color="FF000000"),
                                bottom=openpyxl.styles.Side(border_style="thin", color="FF000000"),
                                left=openpyxl.styles.Side(border_style="thin", color="FF000000"),
                                right=openpyxl.styles.Side(border_style="thin", color="FF000000"))
```

然后设置上下左右边框样式。

- top=设置上边框。
- bottom=设置下边框。
- left=设置左边框。
- right=设置右边框。

border_style设置边框样式为thin（细）的，它还有其他的样式，可以试一试。

代码

```
'mediumDashDot', 'mediumDashed', 'dotted', 'medium', 'thick',
'thin', 'double', 'dashed', 'slantDashDot', 'dashDot', 'dashDotDot',
'hair', 'mediumDashDotDot'
```

通过cell.border = border将边框的样式设置到单元格中。

运行程序，边框已经加上了。

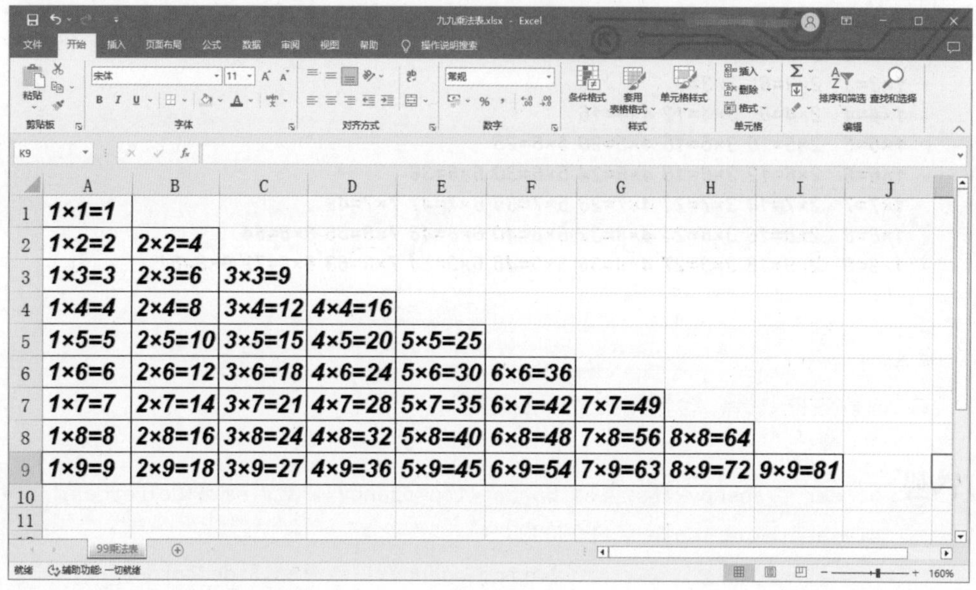

| | A | B | C | D | E | F | G | H | I | J |
|---|---|---|---|---|---|---|---|---|---|---|
| 1 | 1×1=1 | | | | | | | | | |
| 2 | 1×2=2 | 2×2=4 | | | | | | | | |
| 3 | 1×3=3 | 2×3=6 | 3×3=9 | | | | | | | |
| 4 | 1×4=4 | 2×4=8 | 3×4=12 | 4×4=16 | | | | | | |
| 5 | 1×5=5 | 2×5=10 | 3×5=15 | 4×5=20 | 5×5=25 | | | | | |
| 6 | 1×6=6 | 2×6=12 | 3×6=18 | 4×6=24 | 5×6=30 | 6×6=36 | | | | |
| 7 | 1×7=7 | 2×7=14 | 3×7=21 | 4×7=28 | 5×7=35 | 6×7=42 | 7×7=49 | | | |
| 8 | 1×8=8 | 2×8=16 | 3×8=24 | 4×8=32 | 5×8=40 | 6×8=48 | 7×8=56 | 8×8=64 | | |
| 9 | 1×9=9 | 2×9=18 | 3×9=27 | 4×9=36 | 5×9=45 | 6×9=54 | 7×9=63 | 8×9=72 | 9×9=81 | |

（4）给单元格填充颜色。

代码

```
row_color = ["f05654","ff2121","dc3023","ff3300","cb3a56","a98175",
"b36d61","ef7a82","ff0097"]
```

在开始填充颜色之前，先创建一个列表存放9种颜色，为每一行填充一种颜色。这样每次取一种颜色，就可以将表格装饰得很漂亮了。

fill=openpyxl.styles.PatternFill("solid", fgColor=row_color[row-1])设置填充样式。

cell.fill = fill再将样式设置到单元格中。

（5）运行程序，一个美妆过的九九乘法表就完成了。

| 1×1=1 | | | | | | | | |
|---|---|---|---|---|---|---|---|---|
| 1×2=2 | 2×2=4 | | | | | | | |
| 1×3=3 | 2×3=6 | 3×3=9 | | | | | | |
| 1×4=4 | 2×4=8 | 3×4=12 | 4×4=16 | | | | | |
| 1×5=5 | 2×5=10 | 3×5=15 | 4×5=20 | 5×5=25 | | | | |
| 1×6=6 | 2×6=12 | 3×6=18 | 4×6=24 | 5×6=30 | 6×6=36 | | | |
| 1×7=7 | 2×7=14 | 3×7=21 | 4×7=28 | 5×7=35 | 6×7=42 | 7×7=49 | | |
| 1×8=8 | 2×8=16 | 3×8=24 | 4×8=32 | 5×8=40 | 6×8=48 | 7×8=56 | 8×8=64 | |
| 1×9=9 | 2×9=18 | 3×9=27 | 4×9=36 | 5×9=45 | 6×9=54 | 7×9=63 | 8×9=72 | 9×9=81 |

（6）全部代码展示。

代码

```
import openpyxl

wb = openpyxl.Workbook()
ws = wb.active

ws.title = "99乘法表"

ws.sheet_properties.tabColor = "f05654"
row_color=["f05654","ff2121","dc3023","ff3300","cb3a56","a98175","b3
6d61","ef7a82","ff0097"]


for row in range(1,10):
    for column in range(1,row+1):
        cell = ws.cell(row = row, column = column)
            cell_value = str(column) + "×" + str(row) + "=" +
str(column*row)
        cell.value =  cell_value

            font_set = openpyxl.styles.Font(name='Arial', size=14,
italic=True, color="000000", bold=True)
        cell.font = font_set
```

```
            border = openpyxl.styles.Border(top=openpyxl.styles.
Side(border_style="thin", color="FF000000"),
                                    bottom=openpyxl.styles.Side(border_
style="thin", color="FF000000"),
                                    left=openpyxl.styles.Side(border_
style="thin", color="FF000000"),
                                    right=openpyxl.styles.Side(border_
style="thin", color="FF000000"))
        cell.border = border

        fill = openpyxl.styles.PatternFill("solid", fgColor=row_
color[row-1])
        cell.fill = fill


wb.save("九九乘法表.xlsx")

print("表格创建成功！")
```